输电线路三维激光扫描作业及数据处理

黄绪勇　黄俊波　沈　志　方　明　缪　蕊　滕启韬　等编著

科学出版社
北　京

内容简介

本书详细介绍了输电线路运维过程中直升机、无人机机巡及相关检修作业的流程、技术要点及安全风险与预控，并阐述了后续机巡数据的分析和处理方法及各种成果的生成步骤。通过本书，读者可以了解机巡作业各个环节的流程与技术要点。

本书主要适用于输电线路激光点云采集作业飞行人员、作业后数据分析人员学习输电线路三维激光扫描作业技术并掌握其作业要领。

图书在版编目(CIP)数据

输电线路三维激光扫描作业及数据处理 / 黄绪勇等编著. —北京：科学出版社，2021.10

ISBN 978-7-03-068287-1

Ⅰ. ①输… Ⅱ. ①黄… Ⅲ. ①输电线路-三维-激光扫描-研究②输电线路-数据处理-研究 Ⅳ. ①TM726②TN249③TP274

中国版本图书馆 CIP 数据核字（2021）第 041296 号

责任编辑：叶苏苏 / 责任校对：彭　映

责任印制：罗　科 / 封面设计：墨创文化

科学出版社出版

北京东黄城根北街16号

邮政编码：100717

http://www.sciencep.com

成都锦瑞印刷有限责任公司印刷

科学出版社发行　各地新华书店经销

*

2021年10月第　一　版　开本：B5（720×1000）

2021年10月第一次印刷　印张：9 3/4

字数：202 000

定价：139.00 元

（如有印装质量问题，我社负责调换）

前　言

自 2016 年开展输电线路三维激光扫描作业及数据处理工作以来，截至 2019 年底，云南电网有限责任公司在各个基层单位累计培养了近千名输电线路三维激光扫描及数据处理人员，这些技术人员为云南电网有限责任公司输电线路安全稳定运行做出了贡献。

输电线路在长期、连续不间断运行及外部环境的影响下，设备故障发生次数将增加。而设备故障造成的电网非计划停运，不仅会使得电力供应的进一步紧张，而且也会造成较大的经济损失。在电网高速发展的现状下，输电及配电线路等电网设备的数量均以较快的速度在增长，电网运行、调控、检修维护等日益复杂，对电网安全稳定运行也提出了更高的要求。

在电网业务中，随着供电可靠性要求的不断提升，输电线路巡视工作的要求也日趋严格。同时，云南地势为西北高、东南低，海拔高差异常悬殊，线路大档距、大跨越、通道植被覆盖密度不尽相同的特点，使得传统的巡视工作模式已无法满足业务需求。本书所述的输电线路巡视工作将引用三维激光扫描技术，从传统的“望远镜＋红外测温”的巡视模式转变为“机巡+人工”的广义巡视模式。

三维激光扫描技术的不断发展，使其在电网业务中有着越来越广泛的应用。通过三维激光扫描技术可以快速重构电网线路架构，构建电网全方位立体空间，完整描述每一个关键要素，提供真实准确的三维模型。同时，结合云南地势特点，三维激光扫描技术可提升云南电网有限责任公司输电线路巡视效率、适应输电线路状态评价智能化的业务要求，构建输电线路实景通道三维模型，同时，输电线路运行维护人员也可快速准确定位通道风险点，并开展线路、杆上设备、导线预测分析。

三维激光扫描技术在机巡业务中大规模应用后，不仅改变了日常巡视、检修、特巡特维的密度和周期，还在预测潜在风险、解决潜在问题中发挥着越来越重要的作用。通过智能作业与计算分析，我们不仅可以发现当前工况下的缺陷，还可以预测缺陷的发展趋势。

云南电网有限责任公司每年都会进行大范围的机巡作业，实现了数据的海量积累，为云南电网有限责任公司实现智能化运维质的飞跃奠定了坚实基础。从人巡到机巡，从以有人机为主到以无人机为主、从人工遥控到自动驾驶，在确保机巡作业安全性的同时，作业门槛不断降低，规模不断扩大。

黄绪勇主持了本书部分章节的编写审校，并对全书做了内容统筹、章节结构设计和统稿等大量的组织管理工作。第 1 章由沈志、方明编写，第 2 章、第 3 章由黄俊波、沈志编写，第 4 章由孙斌、黄俊波编写，第 5 章、第 6 章由黄绪勇、缪蕊、滕启韬编写，在此表示感谢。另外，由衷的感谢云南电网有限责任公司输电分公司沈志、方明、黄俊波和云南电网有限责任公司生产技术部高振宇对本书编写工作的大力支持和帮助。

由于作者水平有限，书中难免有不当之处，恳请读者不吝赐教，相信读者的反馈将会为未来本书的修订提供帮助。

作　者

2021 年 6 月

目　　录

1 概　　述

电网业务中，随着对供电可靠性要求的不断提升，对输电线路巡视工作的要求也日趋严格，同时云南地势为西北高、东南低，海拔高差异常悬殊，线路大档距、大跨越、通道植被覆盖密度不尽相同的特点，使得传统的巡视工作模式已无法满足业务需求。目前，输电线路巡视工作引入三维激光扫描技术，从传统的“望远镜＋红外测温”的巡视模式转变为“机巡+人工”的广义巡视模式。

近年来，随着无人机和激光雷达技术的不断发展，机巡作业在电网业务中得到了越来越广泛的应用。通过三维激光点云的采集与处理可以快速重构电网线路架构，构建电网全方位立体空间，完整描述每一个关键要素，数字化还原真实准确的三维走廊。同时，结合云南地势特点，三维激光扫描技术还可提升云南电网有限责任公司输电线路的巡视效率、适应输电线路状态评价智能化的业务要求，利用三维激光点云数据进行输电线路精细化巡视、快速准确定位通道风险点，并开展线路、杆上设备、导线预测分析。

1.1　机巡作业的发展现状

三维激光扫描技术是一门新兴的测绘技术，是继测绘领域全球定位系统(global positioning system，GPS)技术之后的又一次技术革命。它由传统测绘计量技术演变而来，并经过精密的传感工艺及多种现代高科技技术手段整合、发展而成，是对多种传统测绘技术的集合及一体化集成。三维激光扫描系统一般由激光扫描仪、控制器(计算机)和电源供应系统三部分构成，激光扫描仪本身主要包括激光测距系统和激光扫描系统，同时还可集成高清数码相机和仪器内部控制与校正系统等。

三维激光扫描技术发展的重大突破为获取高分辨率地球空间信息提供了一种全新的技术手段，可广泛用于逆向工程、景观三维可视化、数字城市、军事侦察、测绘等领域的空间信息快速获取。三维激光扫描技术与传统测量技术相比有着无法取代的优越性，其可不受天气限制，以非接触式主动测量的方式直接获取高精度三维数据。

由于三维激光扫描技术特别适合对大面积的表面复杂物体进行精细测量，所以其应用范围极广。

(1) 文物修复。在对受损的文物进行修复时，要求无接触测量，传统测量技术无法胜任此项工作，但现在可充分利用激光扫描仪的非接触测量特点及高分辨率和高精度点云数据，获取文物表面的精细结构，进行精细测量，提供修复数据，对文物进行修复。

(2) 边坡变形监测。三维激光扫描技术可以获取高密度、高精度的三维点云数据，因此对边坡的变形监测能反映坡体的总体变形趋势和量级。通过对边坡定期进行扫描，将前后两次扫描的点云数据叠加在一起，然后由处理软件分析前后两次扫描的点云数据的差别，从而得出边坡的变形趋势和量级。

(3) 开采沉陷监测。由于三维激光扫描技术具有快捷、高分辨率、高精度等特点，在进行开采沉陷监测时，可以对地表的移动进行观测并快速获得整个目标区域的空间位置及垂直相对位置的变化，从而确定整个地表移动区域的沉陷情况。

(4) 城镇地籍测量。在以往的城镇地籍测量中，调查结果多为图件和报表形式，可用性较差。而激光扫描仪能够生成形象的三维图像，对获取的三维点云数据进行建模，方便在计算机上进行量测，精度也得到了较大的提高。

(5) 立体模型的建立。三维激光扫描技术的强项是立体模型的建立，主要用于物体立体模型的建立(房屋、桥梁、城堡、厂区设备等)、考古与文物保护、工业设备计测、三维数字地面模型建立、三维城市漫游建立，满足未来 3D 数据采集等方面的要求。

当然，以上只是其部分应用，由于三维激光扫描技术具有良好的技术优势，已成为目前测绘领域的一个新兴热点，在逆向工程、数字城市、工业测量及医学测量等不同领域均能得到很好的应用。虽然针对三维激光扫描系统的应用研究还处于初级阶段，但三维激光扫描技术已在工程建设中得到了很好的应用，随着研究的深入及与其他测量技术的结合，其应用将更加广泛。

1.2 机巡作业在云南电网的发展趋势

三维激光扫描作业及数据处理大规模应用后，不仅改变了日常巡视、检修、特巡特维的密度和周期，还在预测潜在风险、解决潜在问题中发挥着越来越重要的作用。通过智能作业与计算分析，不仅可以发现当前工况下的缺陷，还可以预测缺陷的发展趋势。

云南电网有限责任公司每年都会进行规模化的机巡作业，实现了数据的海量积累，为云南电网有限责任公司智能化运维质的飞跃奠定了坚实的基础。从人巡到机巡、从以有人机为主到以无人机为主，从人工遥控到自动驾驶，机巡作业更加安全，门槛不断降低，规模不断扩大。

2 机 巡 技 术

2.1 直升机巡视

直升机巡视是指以直升机为平台，搭载巡视人员和不同的任务载荷，在空中近距离对架空输电线路进行红外、紫外、可见光和三维激光雷达扫描等巡视检测作业的一种巡视方式。通过直升机巡视掌握输电线路的运行情况，及时发现线路本体、附属设施及线路保护区出现的缺陷或隐患，为线路检修、维护及状态评价(评估)等提供依据，是防范电力设备事故、保证电力系统安全运行的有效手段，是输电线路运维的重要工作。

2.1.1 作业要求

2.1.1.1 巡视作业前要求

(1) 巡视作业前，巡视作业组应收集被巡线路资料，研究并掌握被巡线路的走向、运行参数、缺陷记录、地形地貌、气象条件、交叉跨越及线路周边的环境情况。

(2) 巡视作业前，巡视作业组应按年度计划编制直升机巡视的作业方案，其中，应包含组织措施、技术措施、安全措施、环境保护措施等内容，并对参与作业的所有人员开展安全、技术交底，内容包括巡视重点、巡视方式、危险点控制、安全控制措施等。

(3) 每次作业前，巡视作业组成员应召开飞行准备会，明确作业内容和相关注意事项，巡视人员应对各机载设备进行检查和试运行以保证设备能够正常使用。

2.1.1.2 飞行要求

(1) 直升机到达巡线区域后，核实被巡线路名称和杆塔号，观察被巡线路周围地形地貌情况，选择与线路呈约45°夹角的方向进入作业位置。

(2) 直升机外缘任意一点与线路、铁塔的最小安全距离应不小于20m，同时为保证巡视效果，直升机与最近一侧的线路、铁塔的净空距离不宜大于30m。

(3) 在巡视作业时，被巡线路应位于靠近直升机主驾驶的一侧，严禁直升机在线路正上方飞行巡视。

(4) 巡视应沿线路路径逐基逐档进行，避免出现错巡、漏巡。

2.1.1.3　巡视人员工作要求

(1) 吊舱操作人员使用机载吊舱装置对被巡线路进行录像、测温。

(2) 可见光操作人员通过目视和稳像仪对被巡线路进行检查，使用照相机和录音笔进行记录。

(3) 吊舱操作人员发现的发热缺陷由可见光操作人员进行复查。

(4) 可见光操作人员发现的缺陷必要时由吊舱操作人员进行复查。

2.1.2　作业流程

架空输电线路直升机巡视作业流程如图 2-1 所示。

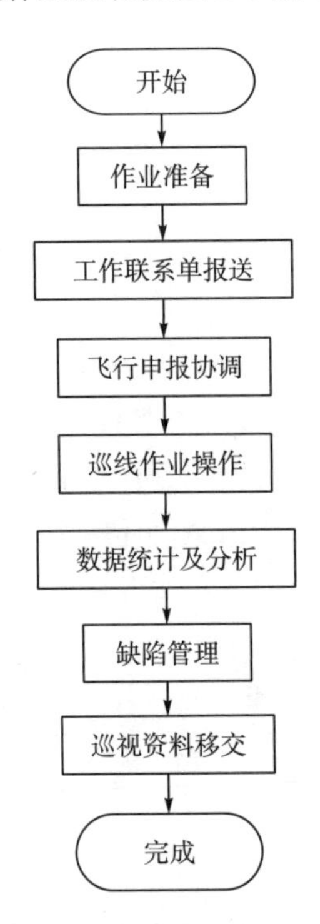

图 2-1　架空输电线路直升机巡视作业流程

2.1.3　作业前准备

2.1.3.1　人员配备

直升机巡视过程中，机上应至少配置两名巡视人员，其中，1 名为吊舱操作人员，1名为可见光操作人员。作业人员配备参照表2-1中的要求。

表2-1 作业人员配备表

序号	岗位名称	建议配备人数/人	人员职责分工
1	可见光操作人员	1	直升机可见光巡视
2	吊舱操作人员	1	直升机红外巡视

注：以上人数按一架直升机作业上机最低人员配置。

2.1.3.2 设备及工器具准备

直升机巡视作业设备及工器具配置如表2-2所示。

表2-2 直升机巡视作业设备及工器具配置

序号	巡视作业设备	性能要求	数量	功能	备注
1	稳像仪	14倍及以上放大倍数机械或电子防抖	1台	远距离观察线路缺陷	必配
2	数码照相机	5000万像素以上单反相机，并配有100～400mm及以上变焦镜头	1台	目视检查时用于拍照	必配
3	录音笔	—	2支	巡视时用来录缺陷情况	必配
4	机载陀螺稳定光电观测系统	集成了陀螺稳定单元(陀螺、红外、可见光摄像机)、中央控制单元(电源分配、图像显示、数据存储、数据分析、控制单元)。 红外：制冷型分辨率为320像素×240像素双视场及以上；非制冷型分辨率为640像素×480像素及以上； 可见光摄像机：标准高清及以上	1台	(1)具有防抖稳定功能，对线路进行红外测温和可见光摄像存储； (2)对线路及巡视情况进行显示和分析	必配
5	三维激光点云数据处理分析管理系统	分布式点云数据存储、快速点云数据查询和调用、点云数据分布式处理与分析、巡视报告管理	1个	(1)点云数据自动化分类； (2)输电通道主要对象建模； (3)分析标准配置； (4)当前工况和最大工况分析； (5)缺陷管理； (6)特殊通道管理； (7)自动化报告生成和管理； (8)用户管理	必配
6	降噪头盔/降噪耳机	—	2副	机舱内作业，防撞、降噪	必配
7	通用五金工具	—	1套	机载设备安装	必配
8	医用药箱	配置齐全	1个	巡线作业用	必配
9	打印机	—	1台	打印作业资料	必配
10	计算机	—	1台	数据分析	必配
11	硬盘	≥1TB	2个	存储、移交直升机作业数据	必配

注：以上设备及工器具为一个机组巡视作业最低配置。

2.1.3.3 劳保用品准备

直升机巡视作业劳保用品配置参照表 2-3 的要求。

表 2-3 直升机巡视作业劳保用品配置

序号	劳保用品	数量	功能	备注
1	防寒头套面罩	2 个	抵御寒风	必配
2	可拆卸护膝	2 个	抵御寒风	必配
3	防寒服(冲锋衣)	2 件	抵御寒风	必配
4	皮手套	2 副	抵御寒风	必配
5	防护眼镜	2 副	抵御强烈光线	必配
6	防水工作鞋	2 双	防水	必配
7	遮阳帽	2 顶	抵御强烈光线	必配

注：以上用品配备为一个机组巡视作业最低人员所需劳保用品配置。

2.1.3.4 配套设施配置

临时起降点是根据被巡线路的实际情况来选定直升机的临时起降场所。布点一般应在横线路方向 40km 以内，顺线路间隔 80～150km。地面平坦坚硬、无砂石，面积不小于 30m×30m，周围至少一侧无高大障碍物。

2.1.3.5 技术资料准备

根据巡视任务要求，收集所需巡视架空输电线路的地理位置分布图，熟悉线路走向、地形地貌及机场重要设施等情况。收集所需巡视架空输电线路的杆塔明细表和经纬度坐标，熟悉线路电压等级、交叉跨越及架设方式。收集所需巡视架空输电线路当月运行参数和缺陷记录等资料，熟悉所需巡视架空输电线路的运行状态。查询巡视架空输电线路所在地区的天气情况，提前做好飞行准备。

1) 巡视飞行准备会

召集机组全体人员，召开巡视飞行准备会。会议需明确直升机巡视任务及巡视计划，并进行安全和技术交底。

2) 作业申请

将直升机巡视作业计划及准备好的架空输电线路地理位置分布图、杆塔明细表、经纬度坐标等资料报送至机组航务，机组航务负责飞行航线及临时起降点空域许可的申报协调。

2.1.4 巡视作业

2.1.4.1 作业前检查

巡视人员在开始巡视作业前，应进行作业前检查工作，具体如下。

(1) 设备安装及调试，根据机载设备产品说明书完成安装、接线及调试。

(2) 安全检查，进行作业安全检查并填写直升机作业安全检查表。

(3) 开始作业，到达线路作业点，确认线路和杆塔，在核实无误后，开始进行巡线。

2.1.4.2 可见光巡视作业

1) 巡视标准

当巡视人员在进行可见光巡视作业时，应严格遵守以下标准。

(1) 在保证飞行安全的前提下，按要求采集杆塔状态照片，对未能采集的杆塔应填写详细原因。

(2) 直线塔采集照片不少于 6 张，耐张塔采集照片不少于 7 张(若为换位塔，则可适当增加)。

(3) 杆塔状态照片文件夹命名要求。主文件名称：电压等级+线路名称+飞行方向(大号飞小号、小号飞大号)+巡视线路区段。子文件名称：杆、塔编号。子文件里存储所拍摄的杆塔状态照片。

2) 各塔型巡视要求

(1) 直线塔：杆塔整体、杆塔电气部分、基础、左串绝缘子(含地线支架)、右串绝缘子(含地线支架)、中相绝缘子串。

(2) 耐张塔：杆塔整体、杆塔电气部分、基础、大号侧三相绝缘子、小号侧三相绝缘子、地线光缆挂点金具、跳线绝缘子串。

3) 标准拍摄图例

标准拍摄图例如表 2-4 所示。

表 2-4 标准拍摄图例

<table>
<tr><th colspan="2">直线塔拍摄图例</th></tr>
<tr><td>杆塔全景照</td><td></td></tr>
<tr><td>杆塔基础照</td><td></td></tr>
<tr><td>杆塔电气部分照</td><td></td></tr>
</table>

续表

<table>
<tr><th colspan="2">直线塔拍摄图例</th></tr>
<tr><td>杆塔相序照</td><td>

</td></tr>
</table>

续表

耐张塔拍摄图例	
杆塔全景照	
杆塔基础照	

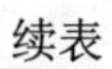
续表

耐张塔拍摄图例	
杆塔电气部分照	
杆塔相序照	
杆塔相序照	

续表

耐张塔拍摄图例	
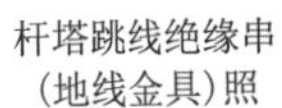杆塔跳线绝缘串（地线金具）照	
杆塔跳线绝缘串（地线金具）照	

2.1.4.3 红外巡视作业

1）杆塔号的编辑

在进行红外扫描视场角转换时，在机载吊舱操控台编辑该塔的正确杆塔号，并进行语音录音。

2）图像存储

线路发热缺陷红外图像的保存以图像居于显示器中央进行冻结保存为准，必须保证聚焦准确。

3）扫描方法

（1）直线塔。

①猫头塔：三相绝缘子为单串或双串扫描顺序（图 2-2）。

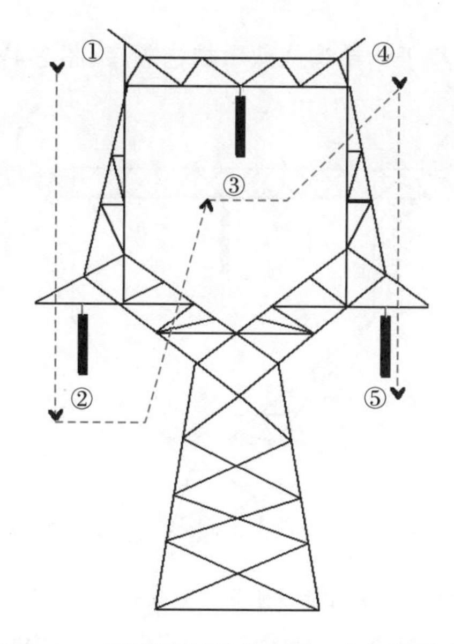

图 2-2 三相绝缘子为单串或双串扫描顺序

①地线；②由挂点至导线端；③由导线端至挂点；④地线；⑤由挂点至导线端。

②猫头塔：中相绝缘子为“V”串扫描顺序(图 2-3)。

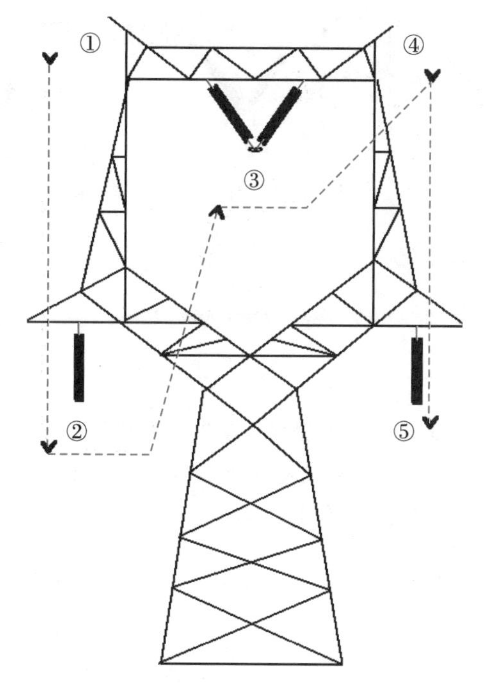

图 2-3 中相绝缘子为“V”串扫描顺序

①地线；②由挂点至导线端；③由挂点从左向右形成“V”串扫描；④地线；⑤由挂点至导线端。

③酒杯塔：三相绝缘子为单串或双串扫描顺序(图 2-4)。

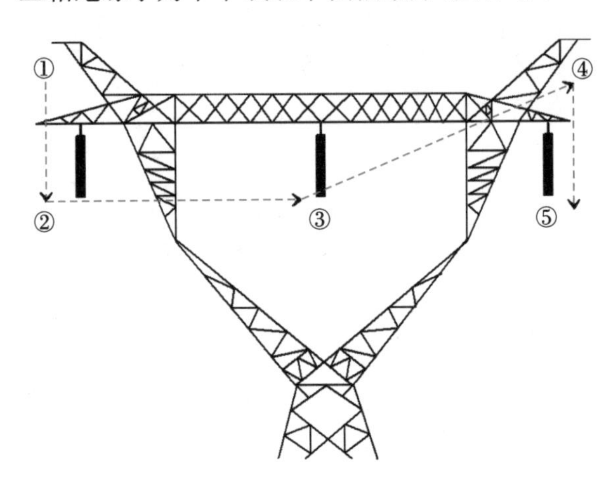

图 2-4 三相绝缘子为单串或双串扫描顺序

①地线；②由挂点至导线端；③由导线端至挂点；④地线；⑤由挂点至导线端。

④酒杯塔：三相绝缘子为“V”串扫描顺序，以“V”字形进行扫描(图 2-5)。

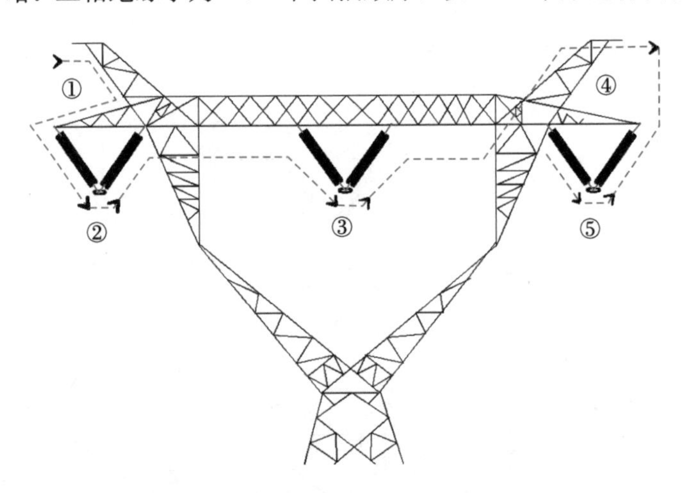

图 2-5 三相绝缘子为“V”串扫描顺序

①地线；②由挂点至导线端、由导线端至挂点；③由挂点至导线端、由导线端至挂点；④地线；⑤由挂点至导线端、由导线端至挂点。

⑤门型杆、塔：三相绝缘子为单、双串扫描顺序(图 2-6)。

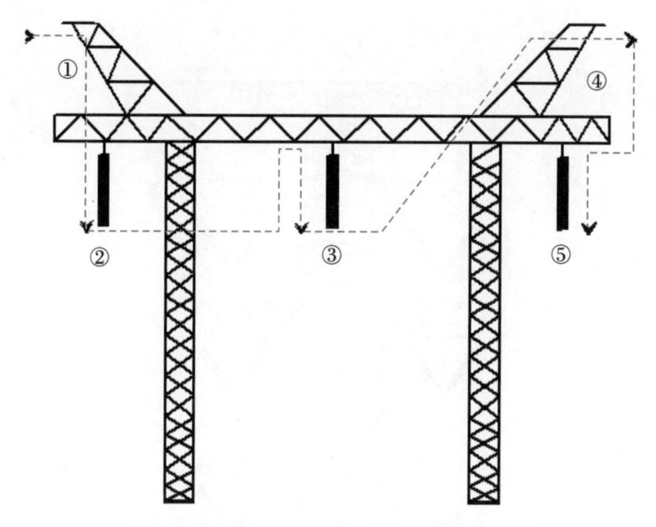

图 2-6 三相绝缘子为单、双串扫描顺序

①地线；②由挂点至导线端；③由导线端至挂点；④地线；⑤由挂点至导线端。

⑥直线同塔双回塔：三相绝缘子为单、双串(注：左边为Ⅰ回，右边为Ⅱ回)扫描顺序(图 2-7)。

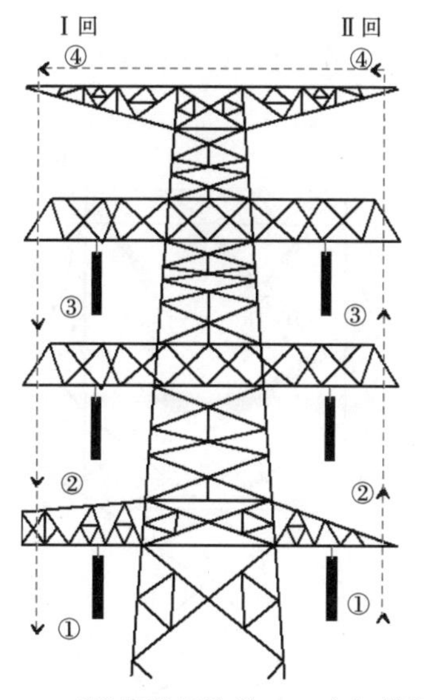

图 2-7 三相绝缘子为单、双串扫描顺序

Ⅰ回：④地线；③由挂点至导线端；②由挂点至导线端；①由挂点至导线端。

Ⅱ回：①由导线端至挂点；②由导线端至挂点；③由导线端至挂点；④地线。

⑦直线同塔双回塔：三相绝缘子为“V”串扫描顺序，在扫描过程中，以“V”字形进行扫描(图 2-8)。

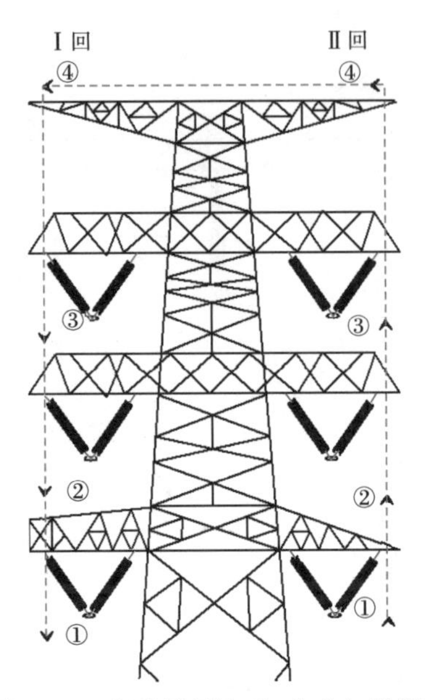

图 2-8　三相绝缘子为“V”串扫描顺序

Ⅰ回：④地线；③由挂点至导线端；②由挂点至导线端；①由挂点至导线端。

Ⅱ回：①由导线端至挂点；②由导线端至挂点；③由导线端至挂点；④地线。

⑧紧凑型：“V”串(单、双串)扫描顺序，三相均采用“V”字形方式进行扫描(图 2-9)。

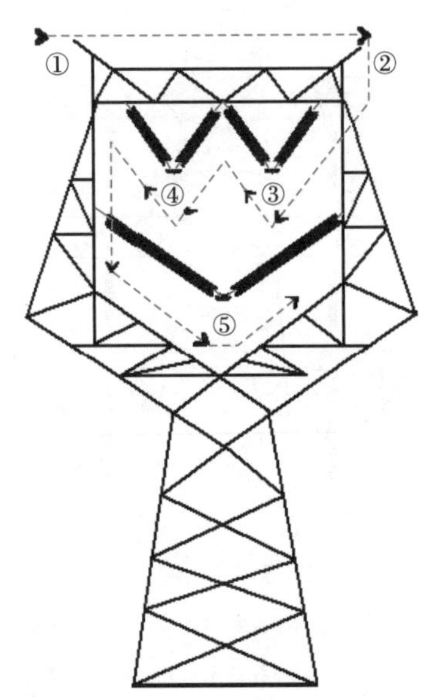

图 2-9　紧凑型“V”串(单、双串)扫描顺序

①地线；②地线；③由挂点至导线端再至挂点；④由挂点至导线端再至挂点；⑤由挂点至导线端再至挂点。

⑨紧凑型："V"串(B 相带延长串)，面向受电侧工作时扫描顺序(图 2-10)。

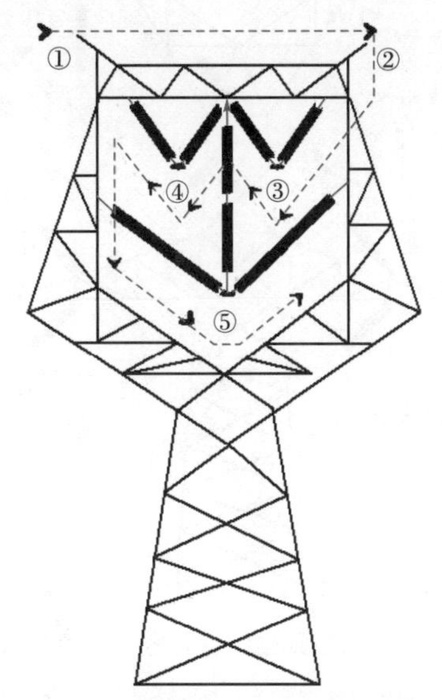

图 2-10 紧凑型"V"串扫描顺序

①地线；②地线；③由挂点至导线端、由导线端至挂点；④由挂点至导线端、由导线端至挂点；⑤由挂点至导线端、由导线端至挂点。

(2)耐张塔。

①耐张门型杆、塔面向受电侧工作时扫描顺序(图 2-11)。

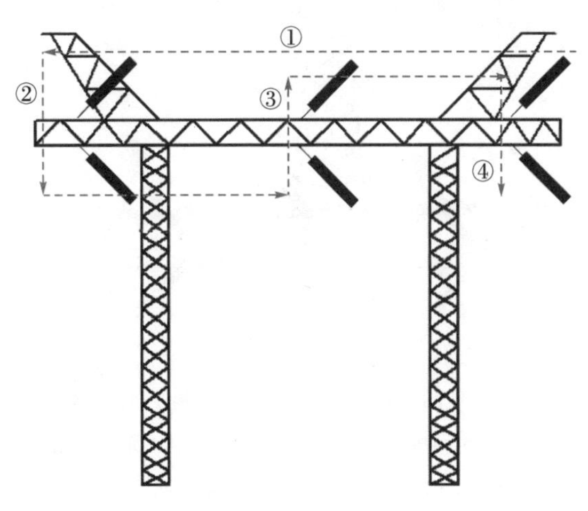

图 2-11 耐张门型杆、塔面向受电侧工作时扫描顺序

①右、左地线；②由受电侧至送电侧；③由送电侧至受电侧；④由受电侧至送电侧。

②羊角耐张面向受电侧工作时扫描顺序(图 2-12)。

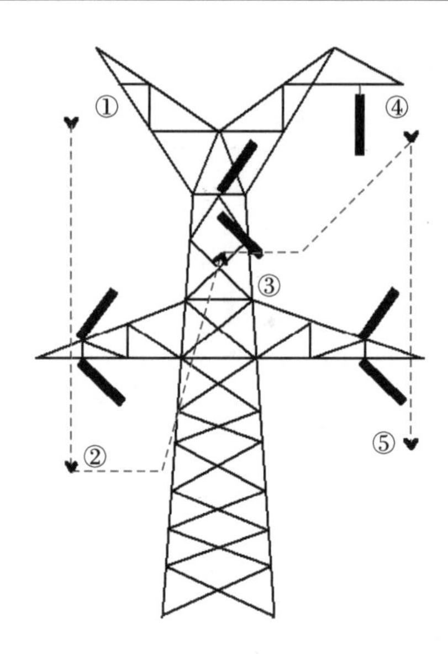

图 2-12 羊角耐张面向受电侧工作时扫描顺序

①面向受电侧左地线；②由受电侧导线端至送电侧导线端；③由受电侧导线端至送电侧导线端；④面向受电侧右地线；⑤由受电侧导线端至送电侧导线端。

③转角耐张带跳线串面向受电侧工作时扫描顺序(图 2-13)。

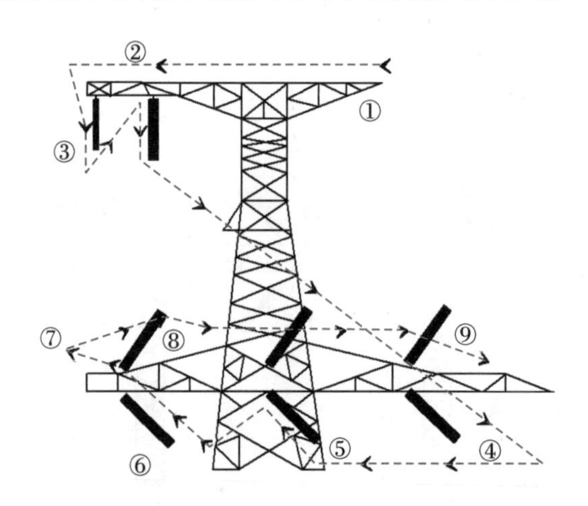

图 2-13 转角耐张带跳线串面向受电侧工作时扫描顺序

①面向受电侧左地线；②面向受电侧右地线；③由跳线串挂点至导线端；④由受电侧导线端至挂点；⑤由受电侧导线端至挂点；⑥由受电侧导线端至挂点；⑦由送电侧挂点至导线端；⑧由送电侧导线端至挂点；⑨由送电侧导线端至挂点。

④耐张换位塔(A、C 相互换)面向受电侧工作时扫描顺序(图 2-14)。

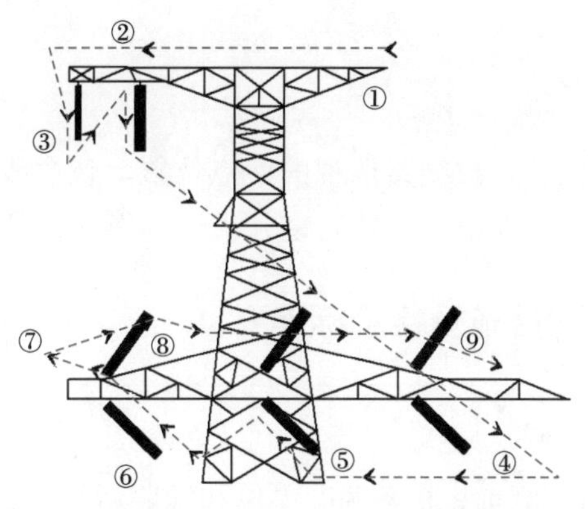

图 2-14 耐张换位塔(A、C 相互换)面向受电侧工作时扫描顺序

①面向受电侧左地线；②面向受电侧右地线；③由跳线串挂点至导线端，沿跳线至⑤送电侧导线端至挂点处；④由受电侧挂点⑥至导线端，沿跳线串⑦至跳线至⑧送电侧导线端至挂点；⑤挂点至导线端；⑥由受电侧挂点至导线端沿跳线串至⑨送电侧导线端至挂点。

⑤耐张同塔双回(面向受电侧左边：Ⅰ回；面向受电侧右边：Ⅱ回；三相 A、B、C 为垂直排列)面向受电侧工作时Ⅰ回扫描顺序(图 2-15)。

⑥耐张同塔双回(面向受电侧左边：Ⅰ回；面向受电侧右边：Ⅱ回；三相 A、B、C 为垂直排列)面向受电侧工作时Ⅱ回扫描顺序(图 2-15)。

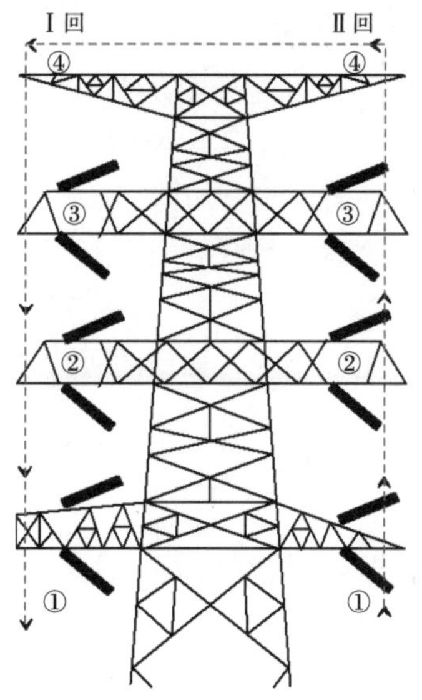

图 2-15 耐张同塔双回面向受电侧工作时扫描顺序

①受电侧导线端至挂点、送电侧挂点至导线端；②受电侧导线端至挂点、送电侧挂点至导线端；③受电侧导线端至挂点、送电侧挂点至导线端；④地线。

注：单回及双回线路换位塔原则上依照本流程相关塔型的扫描顺序进行扫描，换位相根据实际情况在利于航检工作的基础上灵活处理。跳线串将根据实际情况进行灵活处理。

2.1.4.4 作业完毕

空中作业完毕，记录此次线路巡视的终点位置，包含线路名称、杆塔号及经纬度坐标。关闭吊舱及巡视设备，填写直升机现场作业记录表。

2.1.5 质量控制措施及检验标准

1）质量控制措施

（1）在开展直升机巡视前，联系调度单位和线路运行管辖单位，查询线路运行参数，掌握线路重点巡视区域和部位，查询线路所在地区的天气情况，提前做好飞行准备。

（2）直升机精细化巡视飞行速度一般保持在 15～25km/h，快速巡视飞行速度一般保持在 30～40km/h。

（3）直升机外缘与线路、铁塔的最小安全距离应不小于 20m，同时为保证巡视效果，直升机与最近一侧的线路、铁塔净空距离不宜大于 30m。

（4）直升机位于与线路呈 45°夹角斜上方，沿输电线路走向飞行，与线路保持相对平行。

（5）直升机在耐张塔悬停 2～5min。

（6）可见光巡视单反相机具备防抖、自动对焦、运动拍摄功能，相机镜头可变焦，最大焦距不大于 300mm，最小焦距不小于 70mm。

（7）直升机巡视尽量背光飞行。

（8）开启吊舱红外热像仪画面非均质化智能校正（non-uniformity calibration，NUC）功能。

（9）当天作业结束后对可见光巡视所拍摄的照片进行检查，查看是否存在遗漏或缺陷（隐患）。

2）检验标准

质量检验按相应架空输电线路规程规范中的要求执行。

2.1.6 巡视数据分析及缺陷管理

2.1.6.1 数据统计及分析

在直升机巡视结束后，统计直升机巡视飞行时间及巡视线路情况。根据录音列出当日可见光巡线所发现的缺陷，对可见光巡线图片进行核实，并根据缺陷内容编辑缺陷图片名称。利用红外、紫外分析软件分别处理红外、紫外热图，并对缺陷进行判定，将发现的缺陷和隐患进行归类统计。

2.1.6.2 缺陷及巡视周报管理

1) 缺陷定级

按照架空输电线路运行规程和中国南方电网有限责任公司《输电线路运行管理标准》要求，对直升机巡视发现的输电线路缺陷和隐患进行分类定级。

2) 缺陷汇报

缺陷汇报按照中国南方电网有限责任公司的企业标准《输变电设备缺陷管理标准》(Q/CSG 10701—2007)执行。

3) 巡视汇报

直升机巡视人员应根据缺陷(隐患)及飞行情况，编制直升机巡视报告，定期进行汇总并编制巡视周报，经机巡作业中心审核后反馈给线路运维单位。

2.1.7 巡视资料移交

(1) 直升机巡视作业过程中，应定期编制直升机巡视报告并提交线路运维单位，巡视报告内容包括计划完成情况、缺陷清单、下周计划等。

(2) 线路巡视结束后，及时将缺陷报表、照片和巡视过程中产生的影像资料移交线路运维单位。

(3) 巡视产生的所有资料必须进行存储备份，以便进行资料查询和数据分析。巡视资料一式三份，一份由机巡作业中心留存，一份由巡视单位留存，一份移交线路运维单位。

(4) 线路运维单位在收到影像资料后，应在规定时间内完成缺陷复核及数据分析工作。

2.2 无人机巡视

无人机是通过无线电遥控设备或机载计算机程控系统进行操控的不载人飞行器，按飞行方式主要可分为多旋翼无人机、固定翼无人机、无人直升机。无人机不但能完成有人驾驶直升机执行的任务，更适用于有人驾驶直升机不宜执行的任务。无人机巡视是指将可见光相机、摄像机、红外传感器与激光雷达等任务设备与无人机适配挂载，针对输电线路开展飞行巡视作业，并通过通信链路将现场巡视影像数据实时传回地面监控系统的一种作业方式。相比于有人驾驶直升机巡视，无人机巡视能够降低作业人员的安全风险，在突发事件应急、预警方面也有很大的作用，近年来，无人机在各行业都得到了大量应用。

2.2.1 多旋翼无人机巡视

架空输电线路多旋翼无人机巡视作业流程如图 2-16 所示。

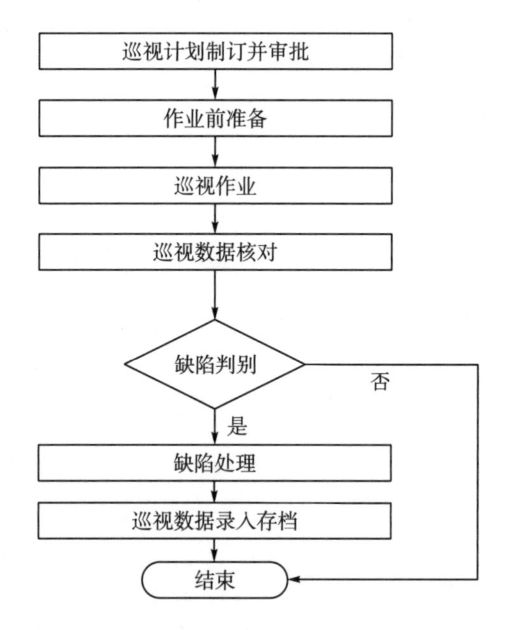

图 2-16 架空输电线路多旋翼无人机巡视作业流程

2.2.1.1 巡视计划制订及审批

当使用多旋翼无人机巡视系统进行线路巡视时，需由各作业主体班组根据现场实际情况制订巡视计划，并按时上报各供电单位相关部门审批。

2.2.1.2 作业前准备

1) 人员配备

作业人员配备情况如表 2-5 所示。

表 2-5 作业人员配备情况

序号	岗位名称	建议配备人数/人	人员职责分工
1	工作负责人(兼任务巡视员)	1	现场负责，任务载荷控制
2	无人机操控员	1	飞行控制

注：以上人数为一个作业小组最低人员配置。

2) 设备及工器具准备

主要设备及工器具准备情况如表 2-6 所示。

表 2-6 主要设备及工器具准备情况

序号	巡视设备	数量	备注
1	多旋翼无人机(含云台、登山包)	1 架或 2 架	型号根据作业任务需求配置
2	地面站	—	根据作业任务需求配置
3	电池	至少 6 块	根据作业计划进行合理配置
4	防护眼镜	2 副	必配
5	可见光相机(含 32G 存储卡)	1 台(2 张存储卡)	根据作业需求配置
6	红外热成像仪	—	根据作业需求配置
7	可见光摄像机	—	根据作业需求配置
8	三维激光雷达	—	根据作业需求配置
9	其他任务载荷	—	根据作业需求配置
10	通用五金工具	1 套	必配
11	医用药箱	1 个	必配
12	充电器	1 套	选配
13	劳保用品	—	根据作业需求配置
14	起降平台	—	根据作业需求选配
15	UBOX	1 个	必配

作业人员在本阶段应两人交叉检查确认设备及工器具完备且可正常使用，填写多旋翼无人机巡视安全技术交底单，每个作业小组填写 1 次。

3) 资料收集

巡视作业组应收集巡视线路空域信息、巡视线路的走向、交叉跨越情况、杆塔 GPS、运行参数、缺陷记录、地形地貌、气象条件及巡视线路周边的环境情况等资料内容。

2.2.1.3 现场勘查

无人机操控员和任务巡视员应提前掌握巡视线路的走向和走势、交叉跨越情况、杆塔坐标、周边地形地貌、空中管制区分布、交通运输条件及其他危险点等信息，并确认无误。宜提前确定并核实起飞点和降落点环境，现场勘查需填写《架空输电线路多旋翼无人机巡视作业现场勘查记录》(附录2-1)。开展过多旋翼无人机巡视的或上个巡视周期内已开展人工巡视的线路可以不开展现场勘查。

(1)实际飞行巡视范围不应超过批复的空域，且在办理空域审批手续时，应按实际飞行空域申报，不应扩大许可范围。

(2)对复杂地形、复杂气象条件下或夜间开展的无人机巡视作业，以及现场勘查认为危险性、复杂性和困难程度较大的无人机巡视作业，应专门编制相应的作业方案，并履行相关审批手续后方可执行。

(3)现场勘查后制定的航线规划应避开空中管制区、重要建筑和设施，尽量避开人员活动密集区、通信阻隔区、无线电干扰区、大风或切变风多发区和森林防火区等地区。对首次进行无人机巡视作业的线段，航线规划时应留有充足裕量，与以上区域保持足够的安全距离。

2.2.1.4 选定多旋翼无人机起降场地

多旋翼无人机起降场地应满足以下要求：

(1)起降场地平坦坚硬、无砂石，四周无高大障碍物。

(2)面积不小于2m×2m。

(3)远离信号干扰源。

(4)选定的无人机巡视系统起飞和降落场地应远离公路、铁路、重要建筑和设施，尽量避开周边军事禁区、军事管理区、森林防火区和人员活动密集区等，且满足对应机型的技术指标要求。

2.2.1.5 选定车辆转场路径

车辆转场路径应满足以下要求：

(1)转场路径应合理，转场点至少满足3基铁塔巡视。

(2)转场点选定应充分考虑携带电池数量。

2.2.1.6 巡视作业

(1)观察周围环境及现场天气情况(雨水、风速、雾霾等)是否达到安全飞行要求。应确认当地气象条件是否满足所用多旋翼无人机巡视系统起飞、飞行和降落的技术指标要求；在风力大于 5 级或雷雨天气时不应开展巡视作业，微风情况下应判断是否对多旋翼无人机巡视系统的安全飞行构成威胁。若不满足要求或存在较大安全风险，工作负责人可根据情况将飞行作业从超视距飞行调整为视距内飞行、间断作业、临时中断作业或取消本次作业。

(2)作业人员明确作业任务内容，根据实际情况确定多旋翼无人机的飞行方案，明确飞行计划，并制定应急预案，填写《风险及预控措施》(附录 2-2)。若无人机采用自主模式飞行，应进行合理航迹规划。

(3)在选定的起降场地内根据作业任务需求及现场情况选定作业的多旋翼无人机型号(具体参考附录 2-3)，对选定多旋翼无人机的动力系统、导航定位系统、飞控系统、通信链路、任务系统等模块的稳固性进行检查，当发现任一模块出现不适航状态时，应认真排查原因、修复并加固，在确保无人机安全可靠后方可起飞。此外，任务巡视员还应关注无人机巡视系统的自检结果，若自检结果中有报警或故障信息，应认真排查原因、修复，在确保无人机安全可靠后方可放飞。两人应交叉检查确认设备状态，填写《多旋翼无人机巡视作业安全技术交底单》(附录 2-4)。

(4)拉好安全警示标线，具备随时起飞状态。

(5)确保多旋翼无人机信息系统连接正常。

(6)多旋翼无人机起飞后，宜在起飞点附近进行悬停或盘旋飞行，作业人员确认系统工作正常后方可继续执行巡视任务。否则，应及时降落，排查原因、修复，在确保无人机安全可靠后方可再次放飞。

(7)工作负责人应始终注意观察多旋翼无人机巡视系统发动机或电机转速、电池电压、航向、飞行姿态等遥测参数，不定时向无人机操控员通报无人机当前状态，判断系统工作是否正常。如有异常，应及时判断原因，达到飞行预警值时工作负责人及时通知无人机操控员返航。

(8)无人机操控员应平稳、匀速控制多旋翼无人机按预定方案飞行，如遇特殊情况，应始终注意观察无人机巡视系统的飞行姿态、发动机或电机运转声音等信息，根据任务巡视员的指引进行操作，调整飞行姿态。

(9)当采用增稳(GPS 模式)或自由姿态飞行模式时，任务巡视员应及时向无人机操控员通报无人机巡视系统发动机或电机转速、电池电压、航迹、飞行姿态、速度及高度等遥测信息。当无人机巡视系统飞行中出现图传信号中断故障时，无人机可原地悬停等候 1～5min，待图传信号恢复正常后继续执行巡视任务，具体巡检内容参考《巡检作业参考标准》(附录 2-5)。若图传信号仍未恢复正常，则可采取沿原飞行轨迹返航或升高至安全高度后自动返航。

(10) 当采用自主飞行模式时，无人机操控员应始终掌控遥控手柄，且处于备用状态，注意按作业手指令进行操作，操作完毕后向程控手汇报操作结果。在目视可及范围内，无人机操控员应密切观察无人机巡视系统飞行姿态及周围环境变化，在突发情况下，无人机操控员可通过遥控手柄立即接管控制无人机的飞行，并向任务巡视员汇报。

(11) 多旋翼无人机一般情况下飞行速度宜保持在7～8m/s；若要求精细巡视，则飞行速度宜保持在3～4m/s。

(12) 工作负责人通过地面站的实时画面调整云台角度、控制拍照/录像等，取得相应的作业数据。

(13) 作业完成后应根据现场实际情况填写《多旋翼无人机现场作业记录表》(附录2-6)，作业小组参加总的安全技术交底。

2.2.1.7 注意事项

(1) 为保证巡视效果，飞行航线与输电线路的净空距离不宜大于15m。

(2) 应保持无人机匀速、平稳飞行，切勿野飞、乱飞，穿梭导线、杆塔飞行。

(3) 在巡视作业时，多旋翼无人机应位于输电线路的一侧，不宜在输电线路正上方长时间悬停。

(4) 所配螺旋桨应正反桨搭配，不可全为正桨或全为反桨。

(5) 电池在起飞前充满电，在作业过程中根据实际情况设置返航电源值，不可过放电。

(6) 当发生非人为的视距外飞行或迷航时，应及时返回，无人机操控员必须密切监视无人机飞行状态信息、工作负责人必须密切监视地面站工作状态，条件允许的情况下可尝试一键返航功能。

(7) 返航前，无人机操控员应正确判断风向、风速等。

(8) 返航过程中，应平稳、缓慢地降低无人机高度。

(9) 返航过程中，工作负责人根据具体情况，每隔7～8s通报飞行高度，同时确认起降场地无外物。

(10) 无人机降落后，断开无人机主电源，填写多旋翼无人机现场作业记录表。

2.2.1.8 数据处理

随着“机巡+人巡”巡视模式的进一步优化，直升机、无人机的推广应用力度加大，在机巡过程中产生的输电线路图像资料越来越庞大，这对图像的处理效率、应用效果提出了更高的要求。

2.2.2 固定翼无人机巡视

固定翼无人机由于结构及飞行原理上的优势，引擎不需要克服机身重力。理论上，无人机的电机推力只要在机身重力的1/10量级上就可以起飞，但多旋翼无人机需要大于机身重力的大推力电机才能起飞。

因此，在相同规格参数下，固定翼无人机和多旋翼无人机相比较，固定翼无人机可以装载容量更大的电池或更多的设备，同样容量的电池也可以飞行更长时间，续航时间完全超越了多旋翼无人机。考虑到速度上的优势，固定翼无人机的航程一般能达到80km以上，是多旋翼无人机的3～5倍。在搭载同样设备的情况下，固定翼无人机可对线路进行更大范围的排查。

固定翼无人机巡视作业流程如图2-17所示。

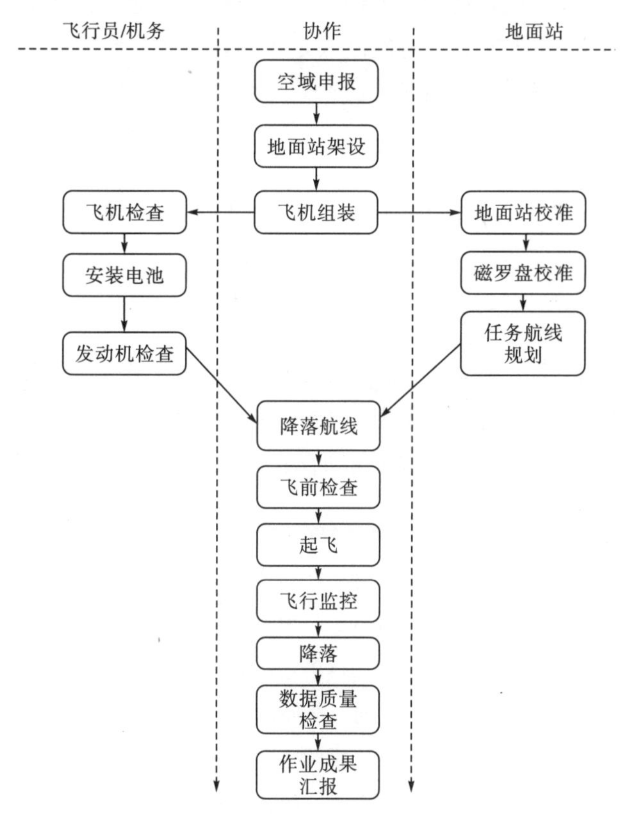

图2-17 固定翼无人机巡视作业流程

2.2.2.1 起飞前准备

在进行固定翼无人机巡视时，起飞前应做好准备工作，具体包括十个方面。

1）地面站准备

摆放地面站硬件至固定位置，启动地面站电源，使地面站开始进行定位。如果地面站需要外挂电池进行工作，那么此时应该使用外置电源线连接外挂电池进行工作。注意地面站需放置在稳定、不易被扰动的位置，地面站的架设高度尽量高于2m，并远离比较大的金属反射面(如汽车、铁皮房等)，与其至少保持10m距离。

2）固定翼无人机的组装

打开固定翼无人机箱体进行组装，组装完成后，对固定翼无人机机械结构进行检查，确认电机座、桨叶无松动。

3）安装电池

安装固定翼无人机所需的电池(主电源/前拉动力电池、悬停动力电池)后，适当调整电池位置，确认两根扎带将电池固定牢固，并确定无人机的重心正确(位于机翼顶部舱盖的前缘向后3cm附近)。

4）执行飞前机械及电气检查程序

执行“机身检查”“机械检查”和“电气检查”，确认三部分检查项目无异常。

5）手动舵面检查

启动遥控器，切入“姿态模式”；接通飞控电源，5s内使固定翼无人机保持静止，等待飞控完成初始化；待舵机开始出现上电反应后，使用遥控器摇杆手动检查固定翼各舵面操纵方向，确认各舵面动作正确。

6）磁罗盘校准

当天初次作业或距离上次作业区域大于50km，需进行磁罗盘校准操作，以便获得正确的磁航向数据。校准磁罗盘数据后，检查“安装配置”→“磁罗盘校准”中磁罗盘Z轴数据，确认Z轴数据为正值(若Z轴数据为负值，则在“安装配置”→“磁罗盘校准”中将第三行的增益反向，然后确认Z轴数据已经为正值)，然后保存数据到自驾仪，保存后重启自驾仪，从步骤5)开始重新进入流程。若固定翼无人机飞行的位置距离上次磁罗盘校准位置小于10km或已经完成了磁罗盘校准操作，可略过此步骤。

7）上传任务航线

根据需要绘制任务航线，或直接导入已经规划好的航线计划，查看飞行计划、离线高程，确认航线正确无误后，发送飞行计划至自驾仪，并重新下载远程航线，确认上传的航点信息正确无误。

8) 绘制着陆飞行计划

将无人机移至降落点，根据地形与风向实际情况确定降落点的悬停高度、进近方向。绘制完航线后，根据地形实际情况对自主降落航线进行调整，避开周边障碍物，避免无人机降落时撞击到周边障碍物。

9) 执行地面站软件飞前检查程序

确认飞前检查程序中的所有信息正确无误，如拍照参数、应急参数等设置信息。当执行到应急参数检查步骤时，部分设置项需根据实际进行调整；其中，部分固定设置内容参考《起飞前检查单》中“地面站检查”部分进行。

10) 起飞前最后准备工作

将无人机放置于平坦的地方，无人机机头对准 1 号航路点略偏右方向，所有人员撤离至起飞点 20m 开外。飞行操控手将遥控器控制模式切入全自动模式，将控制权移交给地面站；然后将油门杆置于中位(便于意外时快速响应)，观察好无人机，做好危急情况下手动接管无人机的准备；并示意地面站操作员可以起飞，等待地面站操作员发送起飞指令。

2.2.2.2 飞行作业及降落

(1) 执行起飞。地面站发送起飞指令，无人机离地起飞，加速过程完成后自动转换为固定翼模态，自动跟踪 1 号航路点。其间，飞行操控手必须注意密切观察无人机的飞行状况，做好意外情况下的紧急处置准备。

(2) 进入巡航阶段。当无人机按预订计划飞行时，离开本场上空，进入作业航线开始巡航后，飞行操控手可以关闭遥控器。

(3) 飞行中的数据监控。在飞行过程中，地面站操作员必须注意密切查看无人机的飞行状态，观察并确认无人机的高度、空速、地速、油门百分比、姿态、坐标位置等数据处于正常状态，同时做好应对可能出现紧急情况的准备，及时对无人机的异常状况做出响应。

(4) 无人机返航前的准备工作。在无人机完成作业航线后，会按预订计划返回降落前盘旋等待点，降低高度盘旋等待。此时，飞行操控手必须确认无人机降落位置是否合适，附近 50m 是否有人员、车辆流动，做好人员清场、着陆前的准备。

(5) 执行降落操作程序。飞行操控手和地面站操作员必须根据风向的实际情况对降落航线进行调整，使得进场方向逆风。降落航线调整完成后，在适宜的时机，地面站发送降落指令，无人机开始执行降落程序。无人机最终会在降落点上空附近悬停，并移动至降落点上空进行下降。在此期间，飞行操控手必须做好应对危急状况的准备，如果无人机出现故障无法正常控制其自动降落，必须立即切换为人工控制进行多旋翼模式手动着陆。在正常着陆情况下，飞行操控手无须操作，但必须密切观察状况，监视其正常着陆过程。

2.2.2.3 人员要求

(1)电动固定翼无人机人员配备：2 人(程控手和操控手各 1 名，其中一人兼任工作负责人)。必要时，也可增设 1 名工作负责人。

(2)油动固定翼无人机人员配备：3 人(程控手、操控手和机务各 1 名，其中一人兼任工作负责人)。必要时，也可增设 1 名工作负责人。

(3)熟悉并掌握《中华人民共和国电力法》《电力设施保护条例》《电力设施保护条例实施细则》等相关法律。

(4)熟悉无人机设备、巡视作业方法和相关巡视技能，经理论及技能考试合格后持证上岗。

(5)作业人员应身体健康、精神状态良好。

(6)作业人员应具有 2 年及以上高压输电线路运维工作经验，熟悉《架空送电线路运行规程》及航空、气象、地理等相关专业知识。

(7)巡视作业任务单签发人、工作负责人应由具有相应类型固定翼无人机巡视作业实际操作经验的人员担任。

2.2.2.4 作业设备清单

为充分满足作业时电网线路不同类型的设备巡视需要，固定翼无人机在巡视时配备的巡视设备如表 2-7 所示。

表 2-7 巡视设备配置清单

序号	名称	型号	单位	数量	备注
1	机体	—	架	1	—
2	电台	—	台	1	—
3	数传天线/图传天线	—	套	1/1	—
4	地面站	—	套	1	含地面控制软件
5	电池电压检测仪	—	台	1	—
6	专用充电设备	—	套	1	—
7	飞行油料	—	L	2～3	油动固定翼

续表

序号	名称	型号	单位	数量	备注
8	GPS 追踪器	—	台	1	—
9	相机	—	台	1	—
10	发射装置	—	套	1	皮筋弹射或专用弹射架
11	油机启动器	—	套	1	油动固定翼
12	操作手柄	—	套	1	—
13	对讲机	—	个	3	—
14	风速计	—	个	1	—
15	降落伞	—	具	1	—
16	电池	—	组	4	—
17	个人工具包	安全防护用品及个人工器具	套	3	—

注：工器具的配备应根据巡视现场情况进行调整。

2.2.2.5 危险点分析及安全措施

在每次开展巡视作业时，需严格按照要求识别作业危险点，做好控制措施。固定翼无人机常见的危险点分析及控制措施清单如表 2-8 所示。

表 2-8 危险点分析及控制措施清单

序号	危险点分析	控制措施
1	气象条件限制	在合适气象条件下，风速小于 5 级； 遇雨雪天气，禁止飞行
2	无人机坠落	航线规划时认真复核地形、交跨、线路两侧的突出建筑物，满足无人机动力爬升要求； 严格航前检查，机体各机械部件确认完好，各电池状态完好，油动固定翼的油箱密闭情况良好； 操控人员持证上岗； GPS 信号接收良好； 根据现场风向、风速等情况及时调整起飞方向、降落开伞点，必要时选择手动开伞降落； 根据地面站软件实时监测电压状态
3	无人机触碰线路本体	严禁在杆塔正上方飞行，应位于被巡线路的侧上方飞行； 飞行高度要求距杆塔顶面的垂直距离大于 100m
4	其他	无人机操作应由专业人员担任，飞行操控手需经过培训和考核合格并经公司主管领导批准； 当固定翼无人机巡视系统使用弹射起飞方式时，弹射架应有防误触发装置； 弹射器加力后，操作人员不要站立在弹射器前方； 飞行操作现场必须设立相关安全警示标志，严禁无关人员参观及逗留； 现场监护人对操作人员及无人机飞行状态进行认真监护，及时制止并纠正不安全的行为

2.2.2.6 作业程序及标准

《固定翼无人机巡视作业任务单》见附录 2-7，《电动、油动固定翼无人机巡视作业卡》分别见附录 2-8、附录 2-9。

1)起飞准备

装设围栏：使用围栏或其他保护措施，起飞区域内禁止行人和其他无关人员逗留。

设备开启：地面站架设(数传、图传天线架设)、辅助设备开启、无人机组装。

起飞检查：完成固定翼无人机机体结构检查、环境因素检查、飞行参数检查、起降点地理坐标检查。

2)巡视作业

起飞：在保证人员、设备安全的前提下，按照固定翼无人机的操作要求进行放飞操作，进入预设航线并接近被巡设备。

设备巡视：按照固定翼无人机巡视的安全、技术要求，进行预设的巡视拍照或摄像。

降落：在预定位置安全降落。

3)飞后检查和收纳

飞后检查和收纳包括机体的结构检查、保养并收纳。

4)记录归档

填写《固定翼无人机巡视系统使用记录单》《固定翼无人机巡视结果缺陷记录单》《固定翼无人机巡视作业报告》，详见附录 2-10～附录 2-12。

2.2.3 无人直升机巡视

无人直升机 Z-5 可同时搭载可见光、红外、紫外、激光雷达等多个传感器，通过激光雷达传感器扫描后，规划 Z-5 的自动驾驶航线，让无人机高精度地实现对输电线路进行扫描，为无人机的应用推广奠定了坚实的基础。

但当飞行区域遇到建筑物遮挡时，通信会受到影响，可能导致地面监控人员与无人机“失联”。卫星中继通信在生产中的应用越来越广泛，但在大型无人机电力巡视中却尚属首次，广东电网研发团队探索将卫星中继通信应用于大型无人机巡视系统，确保无人机飞行不受通信距离和复杂地形的限制，避免“盲飞”，从而实现超视距飞行。借助卫星通信的“无孔不入”，无人机在夜间巡航时，即使离开地面监控人员的视线，也能出色地自主完成巡视任务，视频等数据传输完全不受影响。

2.2.3.1 巡视作业方式

根据无人机飞行姿态与电力线路之间的相对位置及应用需求，无人机电力线路巡视作业方式可以分为单侧巡视、双侧巡视及上方巡视。

1) 单侧巡视

单侧巡视是指巡视无人机沿着电力线路一侧进行巡视飞行，以获取巡视诊断数据的一种采集方式。当采用单侧巡视作业时，应当注意以下条件要求：

(1) 对于 500kV 及以下电压等级的交、直流单回或同塔双回电力线路，在无人机传感器视场能够覆盖巡视目标且巡视目标间无明显遮挡时，宜采取单侧巡视方式；

(2) 较陡山坡线路区段采取单侧巡视方式，无人机处于巡视线路远离山坡侧；

(3) 其他不宜开展双侧巡视工作的线路区段(例如，在电力线路一侧巡视时，无人机长时间处于工厂、民房、公路、大桥或其他电力线路上方)，仅在线路可巡视侧采取单侧巡视方式。

2) 双侧巡视

双侧巡视是指巡视无人机沿着电力线路的两侧分别进行巡视飞行，通过两次来回巡视飞行获取诊断数据的一种采集方式。当采用双侧巡视作业时，应当注意以下条件要求：

(1) 对于 500kV 及以下电压等级的交、直流同塔三回及以上电力线路，以及 500kV 以上电压等级的交、直流电力线路，在无人机传感器视场无法覆盖巡视目标或目标间有明显遮挡无法区分时，应采取双侧巡视方式；

(2) 对于 500kV 及以下电压等级的交、直流单回或同塔双回电力线路，当有特殊巡视需求时，宜采取双侧巡视方式。

3) 上方巡视

上方巡视是指巡视无人机以某一固定高度沿着电力线路的上方进行飞行，从而获取所需诊断数据的一种采集方式。当采用上方巡视作业时，应当注意以下条件要求：

(1) 采用固定翼无人机进行通道巡视时，一般采用上方巡视方式；

(2) 采取上方巡视方式时，巡视高度一般至少为线路地线上方 100m。

2.2.3.2 巡视作业方法

根据无人机电力线路巡视作业的任务目标需求和无人机任务飞行平台的差异，电力线路无人机巡视作业方法主要包括杆塔巡视和档中巡视。杆塔巡视是指采用旋翼、固定翼等无人机飞行平台对电力线路杆塔及其附属设备的状态(如倒塔、绝缘子脱落等)进行巡视诊断的一种作业方法；档中巡视是指采用旋翼、固定翼等无人机飞行平台对电力线路导线的状态(如导线覆冰、断股等)进行巡视诊断的一种作业方法，巡视作业中需要根据实际作业需求进行综合考虑。

1)杆塔巡视

应当尽可能地采用旋翼无人机对杆塔进行巡视，尽量避免采用固定翼无人机进行杆塔巡视。

无人机应以低速接近杆塔，必要时可在杆塔附近悬停，使传感器在稳定状态下采集数据，确保数据的有效性与完整性。

中型、大型旋翼无人机杆塔巡视高度宜与线路地线横担等高或稍高于线路地线横担，当下端部件视角不佳时，可适当下降高度，当无人机自动飞行时，最低飞行高度应大于最小安全飞行高度。

在巡视作业时，大型无人直升机对杆塔最小净空距离不小于 50m，水平距离不小于 30m，对周边障碍物最小净空距离不小于 70m；中型无人直升机对杆塔最小净空距离不小于 30m，水平距离不小于 25m，对周边障碍物最小净空距离不小于 50m。

中型、大型旋翼无人机在每基杆塔处的低速或悬停巡视时间，依照无人机具体性能参数及所携带传感器数据采集时间确定。

小型旋翼无人机可根据实际需求调整悬停姿态及时间，一般情况下无人机与巡视设备或部件的最小净空距离不宜小于 10m，具体距离值可根据无人机性能、线路电压等级和巡视经验进行调整。

旋翼无人机不应在杆塔正上方悬停。

2)档中巡视

无人机飞行方向应与该档线路地线方向平行。

当手动操作飞行时，中型、大型无人机与巡视侧边导线的水平距离分别不小于 15m、20m。

当自动飞行时，各水平距离比手动操作飞行时相应增大 10m。

小型无人机与巡视侧边导线的水平距离一般不宜小于 10m，具体距离值可根据无人机性能、线路电压等级和巡视经验进行调整。

旋翼无人机不宜在线路正上方飞行，且不应在线路正上方悬停，禁止在导线之间穿行。

现场作业情况如图 2-18 所示。

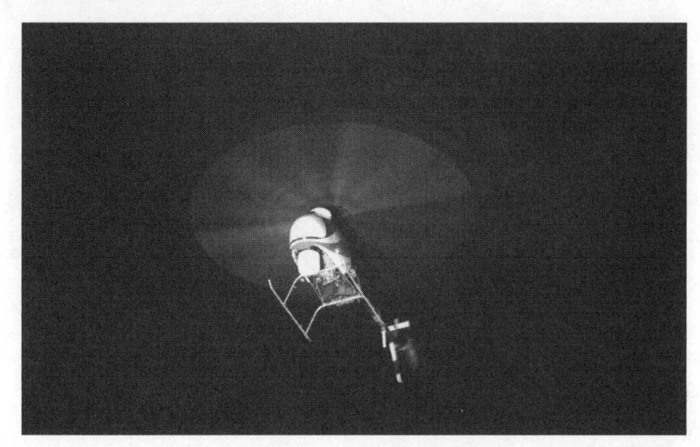

图 2-18 现场作业情况

3　直升机施工、检修作业

3.1　直升机施工作业

直升机在电力施工中的应用主要是指利用直升机灵活转场不受地形限制，并具有一定吊装能力的特点，参与输电线路施工的作业，可以有效提高施工效率。在施工过程中，直升机可运送抢修物资和人员，完成塔基重建、吊装组塔、空中架线等。

3.1.1　吊装组塔

3.1.1.1　概述

输电线路直升机吊装组塔施工是应用直升机外挂铁塔塔材（或塔段）进行铁塔组立安装的作业。与传统采用抱杆或吊车分解组塔不同，直升机组塔主要采取在人工地面整段组装完成后，由直升机分段吊装与人工辅助相配合的施工模式。它具有高效、快捷的特点，并且克服了传统人工组立杆塔受地形因素制约大及在特殊施工条件下不能实施等局限和不足，投入人力更少、工作效率更高、作业也更安全。

3.1.1.2　吊装组塔作业流程

吊装组塔作业流程如图 3-1 所示。

1）作业前准备

（1）技术准备。应按照项目内容制定直升机吊装组塔项目管理实施规划、直升机吊装组塔施工技术方案及直升机吊装组塔空中飞行作业指导书。

（2）器具准备。①在选择机型时，应根据不同的吊装对象、作业区域进行选择。②作业使用的机具和设备应按规定进行检验，受力工具及设备应进行负荷试验。③主吊索长度应满足驾驶员修正直升机飞行姿态和吊件位置的需要，宜根据驾驶员操作熟练程度和选取机型等因素来确定。④应结合作业地点海拔及环境温度，利用作业机型最大连续功率表计算确定最大吊重，使每次吊装塔段及工器具合计总重不超过最大吊重限制。

图 3-1 吊装组塔作业流程

(3) 人员准备。直升机吊装组塔作业人员分为飞行作业方人员和施工作业方人员，飞行作业方人员包括作业组(驾驶员、副驾驶员、机上操作人员、航空器维护人员、运控员、油料员)、塔上操作人员、地面指挥人员、塔位指挥人员等。施工作业方人员由地面施工人员、塔上施工人员、地面指挥人员、塔位指挥人员等组成。

2) 起降场选择与布置

起降场一般应设置在组料场中，特殊情况下可分别设置，停机坪地面应夯实并进行硬化处理，起落架轮子位置宜铺设带有螺纹麻面的钢板，应考虑作业地点周围障碍物是否影响直升机进近和起飞。

3) 组料场选择与布置

组料场宜靠近公路，便于线路器材运抵组料场，组料场至本作业段各塔位的平均距离应接近直升机的最佳飞行半径，一般不超过 10km 或 10min 的单程飞行时间。组料场(含直升机起降点)宜设置在地质坚硬的荒草地，否则，应采取洒水或其他防尘措施。

4) 作业安排

(1) 直升机吊装组塔作业应以满足直升机安全、连续、快速作业的要求为原则进行现场安排。

(2)组料场塔段的组立、塔位铁塔施工、人员和机具的运输转移等配合作业的进度应与直升机作业紧密衔接。

(3)驾驶员应与运控员共同确定飞行路线，明确降落和备降机场的进出方法，并共同制订飞行计划，按规定时限向军航、民航有关部门提交飞行计划申请表。

(4)施工作业方应完成铁塔(塔段)的组装并进行检查，确认导轨、吊点钢绳等附件已完成安装，备吊塔段已按顺序摆放。

(5)安保人员应进行吊装塔位、组料场、起降场的航前清场和警戒工作。

(6)组装现场应配备洒水车，保证地面湿润，避免扬尘。

5)起吊阶段

在起吊塔段时，应先悬停直升机到塔段上空，由地面施工人员完成挂钩，待地面施工人员从塔段上安全撤离后，再缓慢起吊塔段离地。

6)飞行阶段

(1)飞行阶段应保证均匀加速，但应偏离过渡速度，避免引起直升机和铁塔(或塔段)振动。

(2)在飞行过程中铁塔(或塔段)因多气流影响(或误穿云)而摆动较厉害时，驾驶员不应急于进行操纵以免失误而增大其摆动幅度。当确需进行操纵时，应使直升机向铁塔(或塔段)的摆动方向侧移以减小直升机的摆动。

(3)飞行中，操纵驾驶员应保持好飞行状态，发现偏差及时修正；非操纵驾驶员应观察被吊塔段的稳定情况和飞行高度、速度、下降率、航向和各系统工作情况，并进行通信提示。在外挂铁塔(或塔段)晃动比较大、操纵驾驶员难以控制的情况下，非操纵驾驶员可参与操纵。

(4)当直升机外挂铁塔(或塔段)飞抵塔位上空时，驾驶员应保持好直升机状态和高度，缓慢下降，如需进行微调，飞行操作应柔和细腻。

7)就位组装阶段

(1)驾驶员在俯视观察的同时，应接受飞行方塔上操作人员的指挥，共同配合将铁塔(或塔段)就位。

(2)在直升机吊装组塔过程中，塔上施工人员应配合完成对接操作。

(3)驾驶员应经飞行方塔上操作人员确认吊装塔段就位后，才执行直升机脱钩操作。

8) 作业注意事项

(1) 直升机应在云体外飞行，距云底的垂直高度应不小于100m，目视能见度在平原地区应不小于2km，在丘陵与山区应不小于3km，风速应不大于8m/s。

(2) 所有进入现场的人员应佩戴合适的个人防护装备，包括但不限于安全帽、防风眼镜、防护耳塞(罩)、手套、警示背心。

(3) 现场作业人员佩戴的安全帽、防风眼镜应符合相关安全检测标准，手套宜采用皮革或不导电的耐用布料，衬衣为长袖紧身衬衣，裤子为到脚踝的紧身长裤，靴子至少高至脚踝，带有防滑鞋底。

(4) 作业通信联络系统应层次清晰，通信系统宜分为飞行对讲系统和配合施工对讲系统两部分，各自独立、频段互不干扰。如有翻译人员，可通过翻译人员与两方对接。

(5) 外挂作业应尽量选择航线下方没有房屋及行人的路径，避免跨越公路及高电压等级电力线路，如必须跨越，应在跨越点安排指挥人员在直升机挂件通过时暂时封闭道路。

(6) 所有人员不应在直升机吊装组塔段航线下行走。现场指挥人员每次作业前应告知全体工作人员发生紧急情况时直升机着陆的方向和位置，以及现场人员在紧急情况下的撤离方向和位置。

(7) 塔上施工人员在直升机飞临铁塔上方时应做好安全防护措施，并位于塔身内安全位置。

(8) 高空作业人员作业时应系安全带，安全带应拴在主材或牢靠的构件上，并随时检查是否牢固。

(9) 塔上施工人员在配合直升机吊装作业时，不应站立在吊绳脱钩后可能砸落的方向。

(10) 施工人员上塔作业时，螺栓、过眼冲、锤子等工具应随身携带或固定在塔上安全部位，不应将工器具放置于塔上易吹落的位置。

3.1.2 空中架线

3.1.2.1 概述

空中架线是指应用直升机牵引、展放导引绳进行架空输电线路张力架线施工的作业。导引绳由从小到大的一组绳索组成导引绳系。最先展放的(用飞行器展放或人工铺放的)称为初级导引绳，最后展放的(直接牵放牵引绳的)称为导引绳，其余中间级称为二级导引绳、三级导引绳。它具有高效、快捷的特点，并且克服了传统架线受地形因素制约的缺点，投入人力更少，工作效率更高，作业也更安全。

3.1.2.2 原理及施工方法(流程)

空中架线作业流程如图3-2所示。

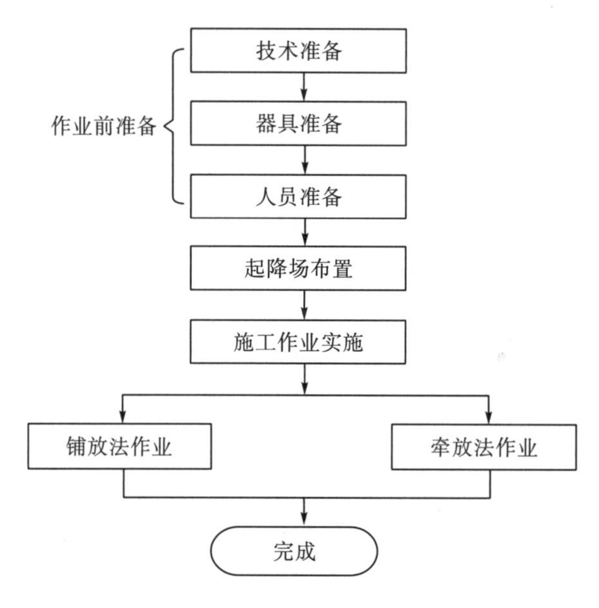

图3-2 空中架线作业流程

1)作业前准备

(1)技术准备。应按照项目内容制定直升机展放导引绳项目管理实施规划、直升机展放导引绳作业技术方案及直升机展放导引绳空中飞行作业指导书。作业前应进行技术安全交底，明确责任划分和安全应急办法。

(2)器具准备。①直升机选型时应综合考虑其性能参数、导引绳参数及放线区段情况等，进行技术、经济比较后确定。②导引绳的选择应综合考虑其单位自重、破断力等参数，并应根据后续循环牵引导引绳的需要、线路交叉跨越情况及直升机允许挂载能力等进行确定，并按电力行业标准《±800kV架空输电线路张力架线施工工艺导则》(DL/T 5286—2013)、《1000kV架空输电线路张力架线施工工艺导则》(DL/T 5290—2013)中的要求进行选择。③配套工器具的选择应与导引绳规格、施工任务要求等相匹配，应通过检验或试验，保证其安装和使用的安全，并符合《架空输电线路施工机具基本技术要求》(DL/T 875—2016)的要求。④张力机最高持续放线速度应不大于250m/min。直升机起降场、张力场、牵引场应各配备至少一部空地电台，由飞行作业方人员使用。放线区段内各塔上施工人员及地面交叉跨越监控点安保人员应配置对讲机。

(3)人员准备。直升机展放导引绳作业人员分为飞行作业方人员和施工作业方人员，飞行作业方人员包括作业组(驾驶员、副驾驶员、机上操作人员、航空器维护人员、运控员、油料员)、塔上操作人员、地面指挥人员、塔位指挥人员等。施工作业方人员由地面施工人员、塔上施工人员、地面指挥人员、塔位指挥人员等组成。

2)起降场布置

起降场地面应平整，并根据情况适当进行硬化处理，防止扬尘。

3)铺放法作业

(1)展放前，第一轴导引绳端头应锚固于地面并确保牢固可靠。

(2)在铺放导引绳过程中，应控制导引绳张力，使导引绳保持腾空状态。

(3)在直升机飞越铁塔将导引绳放入滑车轮槽时，作业人员应处于安全位置，并确保朝天滑车及导引绳线夹均已打开。

(4)导引绳线轴距塔顶高度应不小于 5m。

(5)当直升机调整挂架张力控制装置进行紧线时，应确保导引绳已放入朝天滑车轮槽中。

(6)当直升机飞越转角塔时，应先沿飞来的直线方向进行紧线，待塔上作业人员将导引绳锚固后，再转回至线路中心线继续飞行。

(7)一轴导引绳展放完后，其尾端绳头应自然抛落，可靠锚固于地面；在更换导引绳线轴时，应确保挂架的索具、控制线路连接可靠。

(8)直升机携带新的一轴导引绳飞行至接头位置后，其绳头宜用重物坠下，并应与前一轴绳头可靠连接。

(9)导引绳展放完最后一基塔后，若线轴上仍有余线，则直升机应继续飞行将余线放完，待地面人员将导引绳尾端可靠锚固于地面后，方可返回。

(10)如需要展放多根导引绳，应先将已展放的导引绳移至放线滑车中，再进行下一根导引绳的展放。

4)牵放法作业

(1)展放前，各轴导引绳均应完成预紧，紧密、有序地缠绕，严禁错位、交叉缠绕。

(2)绳头应通过张力机、压线滑车，并向放线方向延伸一段距离后可靠锚固于地面。

(3)在牵放导引绳过程中，应控制导引绳张力，使导引绳保持腾空状态，直升机巡航速度应与张力机放线速度匹配，一般不大于 15km/h。

(4) 直升机飞越铁塔时应降低航速，保持稳定飞行姿态，将导引绳放入滑车导杆，并确认导引绳滑入滑车中轮后，方可继续向前飞行。

(5) 展放完区段最后一基塔后，地面施工人员应与直升机配合，将导引绳尾端可靠锚固于地面。

5) 作业注意事项

(1) 作业应在良好天气条件下进行，云下能见度应不小于 3km，风速应不大于 3m/s。

(2) 应根据施工方案要求配备直升机及与之配套的机具设备，并通过检测试验，确保安全可靠。

(3) 塔上施工人员应持证上岗，具有一定的高空作业经验，并应佩戴防风、防坠落安全装备。

(4) 作业前应对作业过程中所需通信设备、设施(如具有对讲功能的航空头盔、通信电台、对讲机等)进行检查，确保其处于正常工作状态。

(5) 直升机起飞前施工工作负责人应与每基铁塔的塔上施工人员进行通话，逐塔核实塔上及地面监控点人员到位情况和各项准备工作完成情况。

(6) 遇有危及飞行安全或需偏离作业方案的情况，机长应进行紧急情况处置。当采取紧急程序时，应宣布直升机处于紧急状态，并及时将紧急情况和所采取的措施报告地面指挥人员。

(7) 机长拥有采取应急程序、保障飞行安全的最终决定权。机组全体成员应听从机长的指挥，全力协助机长。机长也应视当时情况尽可能听取机组其他成员的意见，采取最安全的措施。

3.2 直升机检修作业

3.2.1 直升机带电水冲洗

3.2.1.1 概述

直升机带电水冲洗，指的是通过直升机进行高压交直流输电线路绝缘子的清洗。

电气设备因污秽而发生的绝缘闪络有时会造成重大设备损坏和大面积停电事故，带来重大的经济损失。目前，污闪已被列为电力系统头号安全隐患，由措施不到位而引起的污闪事故也被列为电网重大安全责任事故。电力企业对各种经济技术指标都提出了比较严格的要求，靠人工清扫及其他手段开展防污闪工作已经不能适应需要。直升机带电水冲洗简单易行，工作效率高，清洗效果好，经济效益显著。

随着输电电压的升高和远距离输电的发展，直升机带电水冲洗得到了广泛应用。它尤其适用于超高压、特高压交直流输电线路绝缘子的清洗，它降低了污秽造成的工频闪络，提高了电网的绝缘水平和运行可靠性。北美、欧洲、澳大利亚、以色列和日本等地都广泛采用了直升机带电水冲洗作业，南方电网有限责任公司2004年底进行了直升机带电水冲洗的研究和演示。直升机带电水冲洗作业如图3-3所示。

图3-3　直升机带电水冲洗作业

带电水冲洗的用水一般采用水阻为10000Ω·cm的去离子水，去离子水可购买，也可自行过滤加工；绝缘水枪有短管、长管两种，短管水枪靠长水柱绝缘，常用于MD-500直升机，长管水枪常用于Bell-206直升机；水冲洗流量约为30L/min，喷头水压为70～100bar（1bar=10^5Pa）。以MD-500和Bell-206直升机为例，1h可冲洗500kV绝缘子25～30串。MD-500直升机机身较小，可进入水平布置的中相或垂直布置的中相进行各侧面冲洗；Bell-206需用长枪穿越边相进行中相和各相另一侧面的冲洗。

3.2.1.2　原理和方法介绍

1）水冲洗设备组成

直升机带电水冲洗机载设备由机载水箱、水泵及发动机组与安装基座、水枪组合及其安装托架等主要元件组成，具有整体重量轻、操作轻便灵活、模块化设计、拆卸维修方便等优点。直升机带电水冲洗机载设备构件组成图如图3-4所示。地面设备包括野外停机综合补给车、油车、指挥车和水质检测仪等设备。

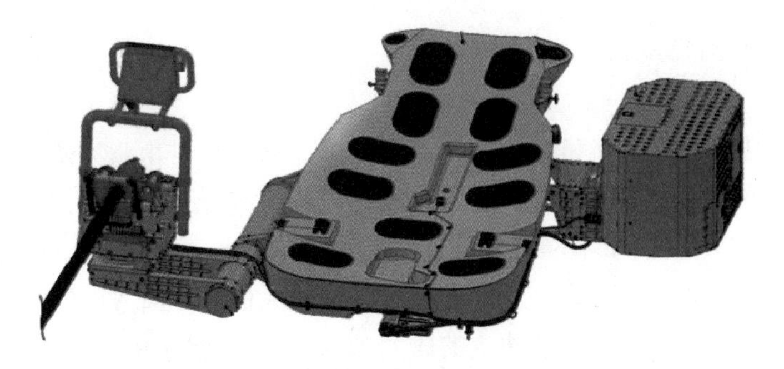

图 3-4 直升机带电水冲洗机载设备构件组成图

(1) 机载水箱。直升机随机携带的水箱，容积不可能太大，这主要取决于直升机负载指标。水箱安装在底仓外面，容积在 400L 左右，材质可为玻璃纤维、塑料、低碳钢、不锈钢及铝合金等。水箱外形为扁平正方形或扁平长方形，在设计水箱时还要为吸水管、泄压回路、观测计、水位探测仪、阻力探测仪预留足够尺寸的孔位，在负压出水管凸起处设置旋转整流栅以提高效率。

(2) 水泵及发动机组。大部分机载清洗设备均使用更高压力且更低流量的水流，这是与飞行特点相适应的。目前，标准设备采用汽油发动机，排量为 275cm^3，功率为 20～25kW，高压水泵最大压力为 12.5MPa，流量为 100L/min。

(3) 高压水枪。直升机滑橇上安装的托架可旋转，水枪全长 6～8m（长度可调），水枪前半部分（靠近喷嘴部分）4m 长均由合成绝缘材料制作，后半部分（靠近机身部分）由高强度合金材料制作。水枪喷嘴可转动，喷嘴尺寸要小于 3.2mm，配有特殊的硬质合金衬套。

机载水冲洗设备现场安装图如图 3-5 所示。

图 3-5 机载水冲洗设备现场安装图

(4)野外停机综合补给车。野外停机综合补给车以可载重10～15t的八轮柴油卡车为基础，全轮驱动，配备水冲洗用纯水处理设备、水箱及水泵动力输出装置。在卡车水箱上面安装液压支撑承力板，作为直升机野外移动停机坪。该补给车整体采用集装箱式设计，具有净化水、提供直升机起降平台、保温、储水等功能。

(5)冲洗用水质量要求。在清洗带电绝缘子时，应使用高电阻率、低导电性的水，对于500kV超高压输电线路绝缘子，水质的电阻率应超过50000Ω·cm，在每天的水冲洗作业开始之前，要对水质进行常规检验，因为电阻率会随着温度的升高而迅速下降，所以在现场监控时应配备便携式水质电阻率测量仪。

随着水电阻率的增大，水柱工频放电电压有增高的趋势。但是在水电阻率大于2500Ω·cm之后，水柱工频放电电压增长陡度变小。因此规定当水电阻率小于1500Ω·cm时，应将水柱距离增大以补偿由水电阻率降低而使水柱工频放电电压降低的影响；发电厂多采用除盐水进行冲洗，水电阻率高达几万至十几万欧姆·厘米。如此高的水电阻率会较大地提高水柱工频放电电压值，因此也可适当减小水柱的距离。

2)水冲洗电气特性

对于绝缘且不落地的直升机水带电冲洗，由于直升机处于中间电位，所以不必考虑通过水流泄漏至清洗设备、直升机和机组人员的电流。绝缘子闪络与否，主要取决于其表面的绝缘状况。一方面，绝缘子冲湿后表面盐分受潮，使导电性能大大增强，附盐密度直接影响水冲洗时绝缘子表面的绝缘电阻；另一方面，水枪喷水又可使绝缘子净化，提高绝缘水平，水电阻率也直接影响其表面绝缘电阻。对于不同试品，沿面的泄漏距离对表面绝缘电阻也起到很大作用。因此，盐密(附盐密度)、水阻(水电阻率)及绝缘子的爬电比距(泄漏比距)是影响电弧发展的三要素。

因此建议：当电压小于或等于230kV时，采用的水电阻率最低为1300Ω·cm；当电压大于230kV时，水电阻率最低为2600Ω·cm。但此推荐值十分粗略，且没有给出与盐密和泄露比距的关系。安全冲洗的临界盐密法是通过系统地研究水阻、盐密、泄露比距及其他因素对设备水冲洗闪络的影响，定量地控制水冲洗条件，保证水冲洗安全的一种科学方法。

国标中电力线路临界盐密值如下：220kV及以下电压等级的电力线路绝缘子，只有在不超过图3-6所给出的临界盐密值时方可进行带电水冲洗。

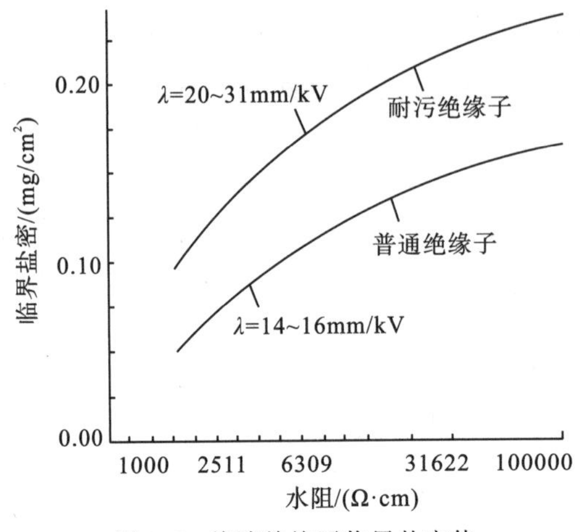

图 3-6 线路绝缘子临界盐密值

随着水阻的上升，其对应的耐污绝缘子和普通绝缘子临界盐密会有所上升。但水阻越大，水处理的难度也越大，不但影响经济性，而且对直升机带电水冲洗这样需要不断补充水的方式来说，续航能力也受到了限制。经过比较，最终选择了 50000Ω·cm 这个指标，主要考虑图 3-6 仅适用于 220kV 及以下电压等级，冲洗 500kV 的线路时还需要给出很大的裕量，并且要求有足够的作业范围，对绝大多数的绝缘子都能够适应，同时具有较好的经济性和续航能力。

较高的水阻对水提纯技术提出了更高的要求。2006 年，±500kV 江城直流线路跨区电网上开展直升机带电水冲洗实用化作业时，采用的是自行研制的双极逆渗透纯水机，其主要由两部分组成：高压泵和反渗透膜。在高压情况下，除水分子以外，水中其他矿物质、有机物、微生物等几乎都被拒于膜外，并被高压水流冲出。渗透到另一面的水是安全、高纯度的纯净水。使用该种技术即可生产出满足水阻指标的带电冲洗用水。在现场试验时，该设备产生的冲洗水阻将近 100000Ω·cm，满足冲洗需要。

3) 水冲洗作业人员要求和培训要求

直升机带电水冲洗作业在国内尚属于新生事物，飞行员过去所接受的教育是远离高压电力设施的飞行作业，在该项业务领域内国内尚无经验丰富的飞行员。飞行员在执行直升机带电水冲洗业务飞行时，无论在心理上还是技术上，考验都非常严峻，所以针对飞行人员的训练是很关键的一个环节。

在国内有许多电力培训机构可供地面带电水冲洗操作员培训取证，但是直升机带电水冲洗作业与地面带电水冲洗作业还有很大的不同，地面带电水冲洗操作员应参加相关的飞行作业培训方可胜任该项工作。

经过对部分直升机带电水冲洗业务较为成熟的企业的初步了解，部分电力公司已经具备直升机带电水冲洗飞行培训和作业培训，如香港中华电力有限公司与澳大利亚 Aeropower 公司在该项业务方面比较成熟。

4) 水冲洗作业适航审定

开展直升机带电水冲洗业务需要对机载设备进行适航审定，取得机载设备挂靠在直升机机腹下方的适航审定许可，适航审定由中国民航局适航审定司负责。经过对国内外相关设备厂家进行调研分析，在国外，许多带电水冲洗设备已通过国外民航局批准；在国内，适航审定时可提供国外适航审定的批复文件，在中国境内开展该项作业只需在中国民航局办理登记手续，只需得到中国民航局的认证，流程较为简单，故建议今后开展直升机带电水冲洗业务时购置国外已经获得适航许可的水冲洗作业设备。

5) 水冲洗作业实施

(1) 操作方法。直升机带电水冲洗和普通水冲洗方式存在较大差异。目前，国际上采用的水冲洗基本都为单枪。操作方式有操作员手动控制和飞行员固定控制两种，前者因应用业绩好、作业方式通用性强而广被采用。该方式将水枪和水泵发动机组分别搭载在直升机后舱门滑橇左右两侧，飞行员控制直升机悬停在适当位置，由飞行员与冲洗操作员配合，使直升机悬停位置、作业清洗角度、清洗范围达到最佳。

(2) 作业位置。直升机悬停在绝缘子串附近，直升机与绝缘子串等高(距地面30m 左右)，喷嘴与绝缘子串距离为 2～3m，距离过远，则冲洗效果会大大减弱，距离过近，则对飞行控制要求较高，具体位置如图 3-7 所示。

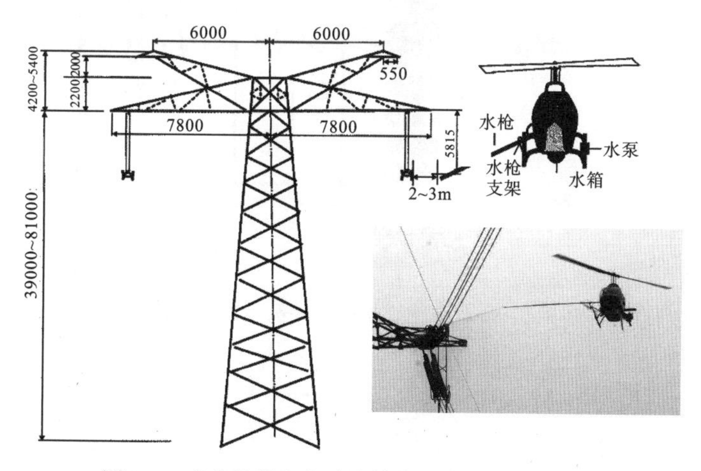

图 3-7　直升机带电水冲洗绝缘子串的位置示意图

(3)水冲洗步骤。水冲洗作业首先要避免冲洗过程中形成二次污染，造成人为闪络，其次要提高绝缘子沟槽内冲洗效果。通过对三种不同绝缘子串(悬垂绝缘子串、耐张双联绝缘子串和耐张四联绝缘子串)的具体水冲洗作业工艺进行研究，经过反复试验确定，水冲洗作业工艺应遵循以下原则：

①清洗悬垂绝缘子串，应自下而上分段进行；

②清洗耐张双联绝缘子串，应自导线端向接地端分段进行；

③清洗耐张四联绝缘子串，应遵循先冲下两串、再冲上两串的顺序；

④一般情况下，水枪喷嘴与水平面间保持 10°夹角；

⑤为防止“邻近效应”造成其他相绝缘子受潮发生污闪，应先冲洗下风侧绝缘子串，后冲洗上风侧绝缘子串。

以 500kV 线路为例说明冲洗步骤。当直升机悬停至合适位置时，水枪操作手首先将水枪喷嘴冲水方向调整到与绝缘子下缘夹角 10°以上，然后将水枪水流调到最大，由导线端向接地端进行分段循环冲洗，绝缘子串分布包含悬垂分布和耐张水平分布，三种不同绝缘子串(悬垂绝缘子串、耐张双联绝缘子串和耐张四联绝缘子串)的具体水冲洗步骤如图 3-8～图 3-10 所示。

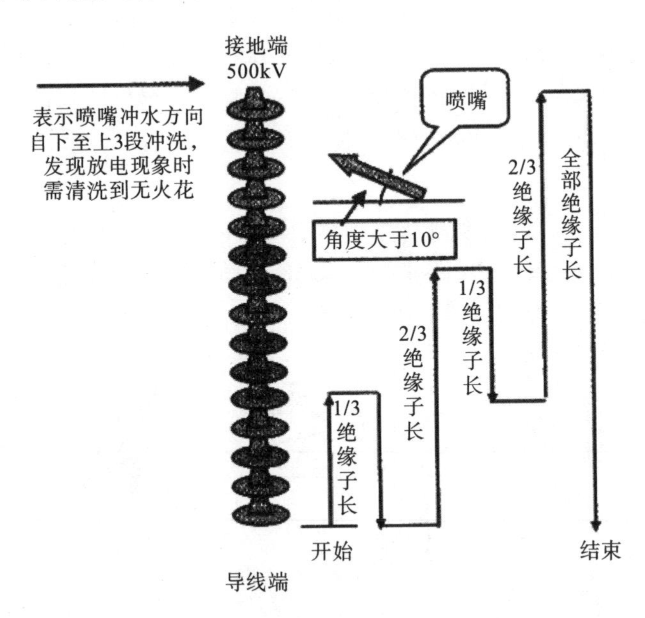

图 3-8 悬垂绝缘子串水冲洗步骤示意图

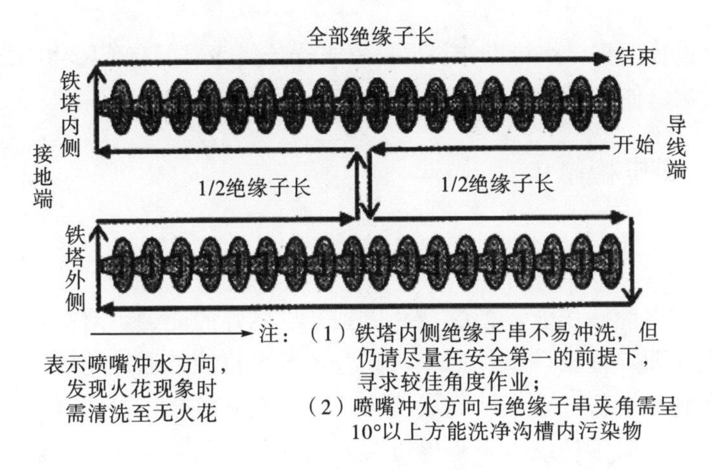

图 3-9 耐张双联绝缘子串冲洗步骤示意图

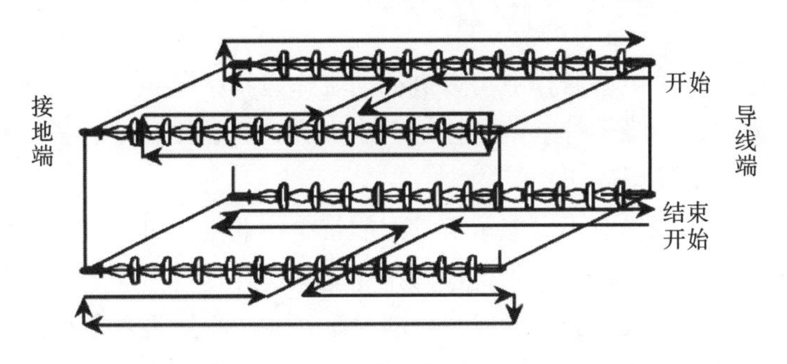

图 3-10 耐张四联绝缘子串冲洗步骤示意图

(4) 水冲洗注意事项。

①在每天的水冲洗作业开始之前，作业指挥员应首先确认冲洗线路已退出重合闸。在给机载设备补给冲洗用水前必须测量水的电阻率，其检测结果符合规定后方可使用。

②水枪操作手在冲洗绝缘子串前，应首先确认冲洗线路名称及相序。确认该线路塔绝缘子串完好，在冲洗过程中，发现有损坏的绝缘子串或设备，不可清洗，应立即通报处理。

③在水冲洗作业过程中，飞行员和水枪操作手要时刻保持通话交流并相互提醒，保持规定距离进行水冲洗作业，使直升机和机载设备与周围物体保持足够安全距离。

④在冲洗作业过程中，冲洗水柱要正对风向作业，避免脏水顺风喷溅到相邻未清洗的脏绝缘子上，形成二次污染。冲洗中若发现有局部泄漏火花，应加强水冲洗。

⑤在冲洗过程中悬停，遇有风时，直升机要顶风悬停，以便使无人机更稳定。

若要对飞行进行调整，水枪操作员要提醒飞行员线路周围有何障碍物需注意，以免有气流影响，使直升机突然撞线。

3.2.2 带电检修

3.2.2.1 概述

直升机带电检修作业，指的是利用直升机悬停的能力，对高压输电线路进行空中带电作业。依据等电位原理，直升机平台直接或通过绝缘吊索间接把检修人员运送到带电作业点上，完成检修任务。直升机带电检修具有高效、快捷的特点，并且克服了传统人工带电检修方法受地形因素制约大，以及在特殊故障条件下不能实施检修作业等局限和不足，投入人力更少、工作效率更高、作业也更安全。

目前，直升机带电检修作业可以进行的工作包括：零距离检测设备缺陷，包括金具、导地线、绝缘子等缺陷；检修更换金具、间隔棒、绝缘子；补强、更换部分导地线和导地线爆破压接等。

直升机带电检修作业不仅能承担常规的带电作业，而且能胜任常规带电作业无法完成的工作。由于直升机带电检修作业无须在导地线上增加垂直荷载，它可以用来处理单导地线或两分裂导线中部的缺陷，如防振锤滑移复位、导地线损伤和棒式支柱绝缘子两侧防振锤的更换等；由于直升机带电作业不需要使用进入电位的绝缘工具或绝缘支撑工具，所以在小雨天气时仍能进行直升机带电检修作业。

由于MD-500直升机有5个螺旋桨，尺寸小、飞行性能稳定，在500kV水平布置的输电线路等电位作业时，能穿越边相导地线进入中相作业；Bell-206直升机尺寸稍大，只能进入500kV水平布置的边相进行等电位作业，中相只能用吊绳将作业人员吊入工作部位。MD-500和Bell-206直升机都通过了等电位充放电试验和工频过电压闪络耐受试验，能进行直升机等电位带电作业，具有良好的耐强电稳定特性。

根据国外成功经验，结合国内带电检修作业技术和输电线路特点，直升机带电检修作业主要可划分为平台法、吊索法和吊篮法三种带电检修作业方式。以下分别进行详细介绍。

3.2.2.2 平台法

平台法作业方式是在直升机的两侧或机腹安装检修平台，直升机携带乘坐在检修平台上的带电作业人员直接接触带电线路并进行等电位带电作业。它采用一个与直升机滑橇保持足够好的电气和机械连接的平台（连接电阻不大于1Ω），一个或多个带电检修作业人员坐在该平台上开展带电检修作业，属于等电位的作业方法，如图 3-11 所示。

图 3-11 直升机带电更换导线间隔棒(平台法)

直升机带电作业检修平台法等效电路如图 3-12 所示。其中，C 是直升机接近高压带电体由静电感应现象充电而出现的电容；R 为人体与直升机的电阻。

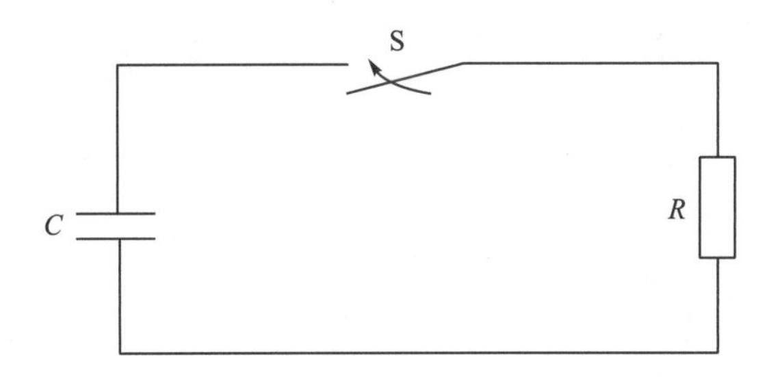

图 3-12 直升机带电作业检修平台法等效电路

进电位一刻即开关 S 闭合，电容电压 U_c 对电阻 R 放电，其电流初始值为

$$I = U_c / R \tag{3-1}$$

该电流为电容放电电流，持续时间短、衰减快。在作业人员与直升机保持良

好的电气连接并穿着屏蔽服的情况下，放电电流迅速被屏蔽服旁路，大约经过零点几微秒，电流就衰减到最大值的1%以下，等电位进入稳态阶段。

由于直升机搭载作业人员悬浮在输电线路附近进电位，其与地面保持了足够的绝缘强度，通过人体的泄漏电流属于微安等级。作业人员使用电位转移杆进电位，这样不但能使直升机保持足够的安全距离，同时进电位距离加大，也使感应电荷减小，从而避免等电位瞬间放电电流对人体的影响。

平台法可开展的项目有带电安装地线标志球、带电安装防绕击避雷针、带电修补避雷线、带电修补导线、带电更换导线间隔棒等。

1）平台法作业难点

平台法作业的一个难点在于所用直升机必须通过等电位测试。目前，通过该项测试的机型仅有Bell-206系列和MD-500系列。另一个难点是检修平台的开发，检修平台是对直升机的改装，其设计必须通过有关航空权威部门的适航认证，并且其参数必须满足带电检修电气连接参数的需要。

根据所选直升机负载情况和输电线路的结构特点，考虑带电检修作业设备必须满足导电性能好、强度高等要求，国家电网有限公司设计制造了硬铝材质检修平台。为平衡直升机的负载，将平台安装在直升机驾驶员侧的滑橇上，在另一侧滑橇上安装气泵、发动机等工具设备。该套检修平台已通过权威部门FAA（Federal Aviation Administration，美国联邦航空管理局）的STC（Supplemental Type Certificate，补充型号合格证）适航认证。该平台具有以下特点：

（1）整体质量轻，仅26kg，适合飞行要求；

（2）采用卡扣固定，结构牢固，平台支撑杆长度可调节，安装、拆卸方便；

（3）硬铝材质，强度高，导电性能好（平台与直升机的连接电阻小于1Ω）；

（4）设有多道安全防护设施，安全性高（设有安全带和工器具防坠栏）。

2）平台法作业设备

（1）检修平台。根据所选直升机的负载情况和输电线路的结构特点，考虑带电检修作业设备必须满足导电性能好、强度高等要求，设计制造了硬铝材质检修平台，将检修平台安装在直升机驾驶员侧的滑橇上，同时为平衡直升机的负载，需要在另一侧滑橇上安装气泵、发动机等工具设备，如图3-13所示。

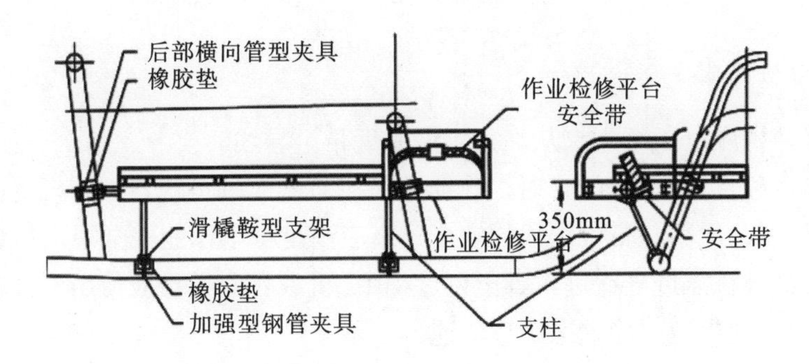

图 3-13 直升机平台法带电作业检修平台

(2)平台法带电作业设备要求。

①采用平台法带电作业的直升机机型应通过等电位考核试验。

②机载操作平台设计应根据作业直升机的实际尺寸确定,并采用导电性能好、强度高的金属材料制作。

③机载操作平台可通过连接部件固定在直升机正驾驶一侧,平台导电元件应与直升机导电设备可靠连接,连接电阻值应不大于 1Ω。

④机载操作平台应安装配重设备,以保证直升机的载重平衡。

⑤检修平台上应设置人员及工器具防坠落系统,确保作业人员及工器具不会因直升机的摆动而从平台上坠落。

3)平台法作业流程

直升机平台法带电作业流程如图 3-14 所示。

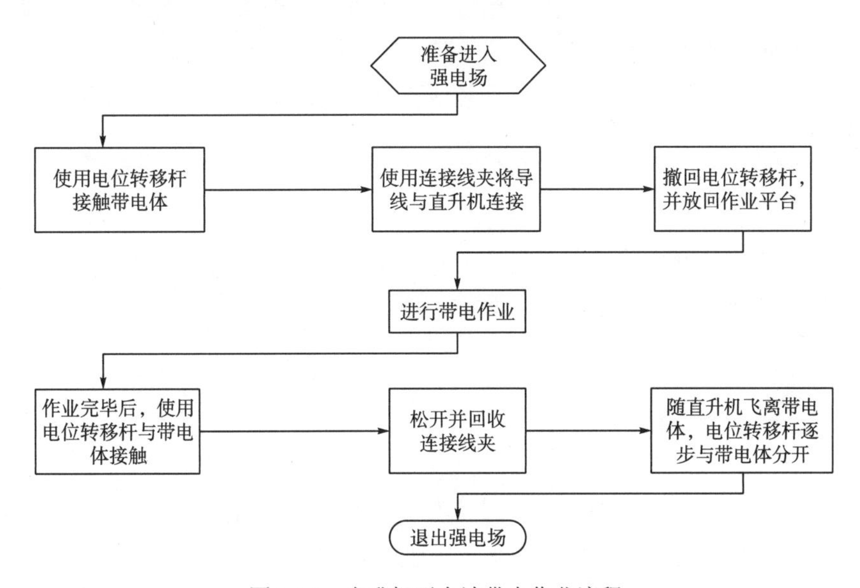

图 3-14 直升机平台法带电作业流程

4）平台法作业安全

（1）直升机应以15°～45°从高处缓慢靠近带电导线。

（2）当距离目标10～15m时，作业人员应协助驾驶员观察直升机周围间隙，特别是主旋翼、尾桨与带电导线的安全距离应满足带电作业安全规范的要求。

（3）在直升机靠近导线进入等电位过程中，机载作业人员应使用电位转移棒进行电位转移，动作应平稳、准确、快速。

（4）在电位转移时，电位转移棒应与检修平台保持电气连接。

（5）作业人员应确保连接线夹与导线可靠连接后，才能将电位转移棒放置到操作平台上，并确保作业期间直升机和带电作业人员与导线保持等电位。

（6）在作业过程中，驾驶员应时刻保持直升机悬停位置稳定，监视直升机仪表盘指示、直升机及机上设备与周围接地体或其他相导线的安全距离，并确保与作业人员沟通顺畅。

（7）地面工作人员应先连接好直升机接地线，直升机再着陆。机上工作人员在接地线未连接好之前不应与地面直接接触。非专业人员不应进入直升机着陆区半径20m范围内。

3.2.2.3 吊索法

直升机吊索法检修作业方式，主要是为了解决直升机受安全距离限制无法进入等电位，或由于作业时间超出直升机允许的悬停时间而无法用平台法开展检修作业的问题。吊索法作业方式是利用直升机通过绝缘绳将人和物吊到高压线上或塔上，工作完毕再将人和物接下来的一种工作方法。

吊索法可以开展的项目有带电安装或更换导线防振锤、导线间隔棒、带电修补导线等作业。

1）吊索法作业难点

吊索法作业直升机不处于等电位，其主要难点在于吊索的选择和脱钩系统的研制。直升机吊索法现场作业情况如图3-15所示。

2）吊索法作业设备

（1）吊索。吊索的承重力为

$$F = K_a K_b K_c G \tag{3-2}$$

式中，K_a为安全系数，一般取8；K_b为冲击系数，一般取1.2；K_c为风荷系数，考虑到吊索法检修作业时，风速较小，一般取1～3.1；G为人体、配重及工器具重量，一般取1000N。

图 3-15 直升机吊索法现场作业情况

通过式(3-2)计算可知，吊索的破断力应不小于 10.56kN。

吊索的电气性能要求：直升机检修作业所用的吊索应具有防潮、绝缘、耐火等电气性能。根据上述要求，选用 Φ16mm 防潮绝缘绳(绞制 TBO-1)。

(2)脱钩系统。脱钩系统流程如图 3-16 所示。

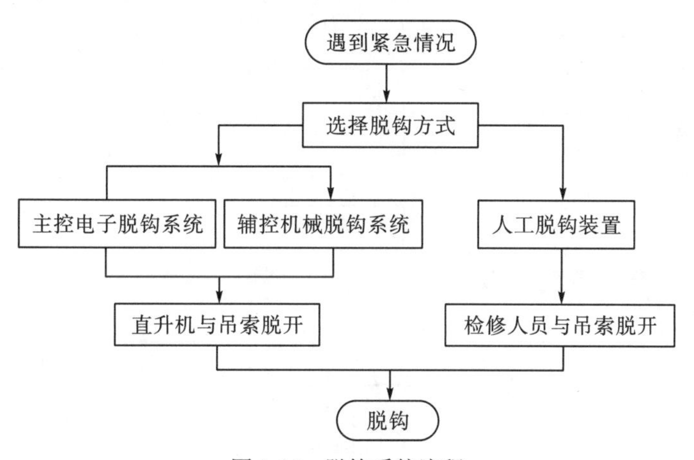

图 3-16 脱钩系统流程

脱钩系统的主要作用是当检修作业人员到达作业点后，若遇作业现场天气突然变化或直升机出现故障，使直升机与检修作业人员能够快速分离。研制的吊索脱钩装置包括 3 个释放脱钩，其中直升机上装有主辅 2 个脱钩装置，检修作业人员与吊索之间装有一个脱钩。主脱钩安装电子控制阀，飞行员可在主驾驶室通过电子阀控制。辅助脱钩由后机舱内人员通过机械阀控制，为防止主脱钩装置误动，只有主辅2个脱钩同时动作后，才能实现吊索从直升机上脱离。同时，在遇紧急情况时，线路检修作业人员可以通过操作自己身上的脱钩，使自己从吊索上脱离。

(3)吊索法作业设备要求。

①悬吊作业人员或设备的绝缘绳索的电气性能和机械性能等各项性能指标，应满足国家标准《带电作业用绝缘绳索》(GB/T 13035—2008)的要求。

②悬吊系统应配置两套相互独立的脱钩系统，确保检修作业人员安全。

③绝缘绳索应满足国家标准《带电作业用绝缘绳索》(GB/T 13035—2008)和《带电作业用绝缘绳索类工具》(DL/T 779—2001)的要求，最小有效绝缘长度应满足带电作业要求。从直升机机腹到悬吊作业人员或设备的吊索长度应根据驾驶员操作熟练程度和选取机型等因素来确定。

④绝缘工具应避免受潮和表面损伤、脏污，未使用的绝缘工具应放置在清洁、干燥的苫布或垫子上。

3)吊索法作业流程

吊索法检修作业流程如图3-17所示。

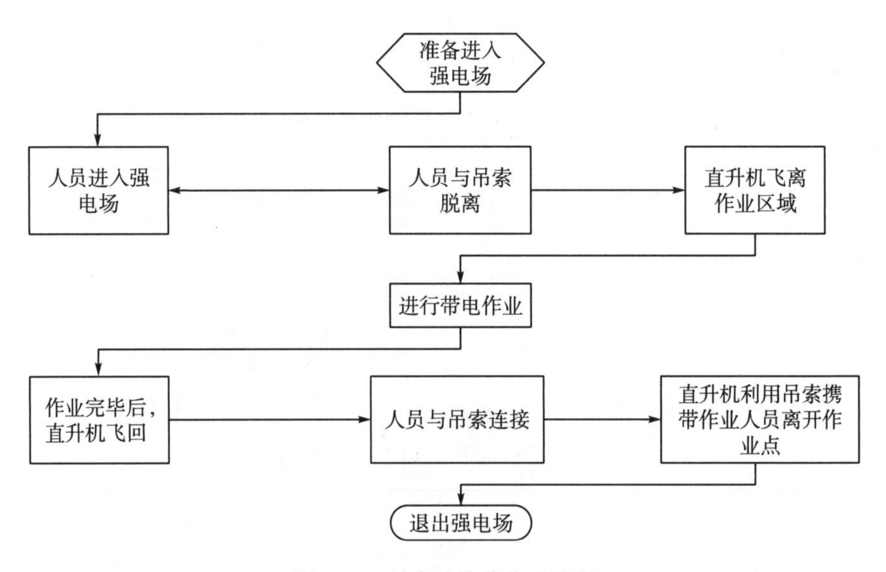

图3-17 吊索法检修作业流程

4)吊索法作业安全

(1)直升机吊钩上应安装可靠的防扭转装置，防止悬吊作业人员在空中旋扭、飘摆。

(2) 作业人员进行航行障碍物、作业塔号识别和确认时，直升机应从悬吊作业人员或悬吊物高于导线 30m 的高度缓慢下降靠近带电导线；驾驶员应检查悬吊作业人员所处的位置及其与周围带电体的距离，并及时调整飞行姿态。

(3) 当悬吊作业人员或悬吊物距离目标 10～15m 时，作业人员应通过通信设备和飞行手势指导驾驶员缓慢下降直升机。

(4) 在下降过程中，驾驶员与作业人员应及时交流直升机下降的速度和角度，并实时调整。

(5) 直升机在靠近导线进入等电位过程中，作业人员应使用电位转移棒进行电位转移，动作应平稳、准确、快速。

(6) 在电位转移时，电位转移棒应与悬吊物保持电气连接。

(7) 作业人员应确保连接线夹与导线可靠连接后，才能将电位转移棒收回，并确保作业期间带电作业人员、悬吊物与导线保持等电位。

(8) 到达作业位置后，作业人员应再确保已将安全带与导线连接，才能拆除与绝缘吊索的连接装置，并通知驾驶员将直升机飞离线路上方。

(9) 直升机着陆前，地面工作人员宜利用临时接地装置，按照先作业人员或作业设备后直升机的顺序进行放电操作。非专业人员不得进入直升机着陆区半径 20m 范围内。

(10) 直升机在着陆时，应待带电作业人员落地，地面工作人员解开吊钩后，方可移至停机位着陆。

(11) 地面工作人员应随着直升机的下降及时回收吊索，防止吊索被吹起后与直升机旋翼缠绕。

3.2.2.4 吊篮法

吊篮法作业方式是通过直升机吊运可搭载人员和工具的吊篮，将吊篮挂在导线或地线上，作业人员在吊篮里，直升机将吊篮及作业人员送入等电位。吊篮法直升机不进入等电位，只是吊篮进入等电位。吊篮进入等电位后可采用两种作业方式，根据工作内容，直升机可以脱离或可以不脱离：一是直升机悬停，作业人员在直升机下面悬吊的吊篮内等电位作业；二是将吊篮固定在导线上，直升机脱离离开，作业人员在吊篮内等电位作业，作业完毕直升机重新吊挂吊篮脱离离开，现场情况如图 3-18 所示。

图 3-18 直升机吊篮法带电检修作业现场图一

1) 吊篮法作业难点

吊篮法作业方式对飞行员的驾驶水平要求较高，需解决吊篮的空中旋转问题，存在一定风险。吊篮主要是根据不同的导线和作业任务需要站立的作业人员数进行设计的，因此在进行不同的作业任务时就要设计不同的吊篮。同时，必须对配套外挂吊篮等主要工器具进行适航审定，目前国内办理适航审定不仅流程复杂，而且周期较长。

2) 吊篮法作业设备

直升机带电作业(吊篮法)使用直升机吊挂吊篮(工作框)将带电作业的人员和设备吊挂到需要进行带电作业的线路位置上方。机载导航、校准系统是直升机上左驾驶位人员控制吊篮位置的指示系统，该系统进行吊篮的升降、位置对准。通过机载导航、校准系统，直升机上左驾驶位人员可以将吊篮顺利吊挂到作业区域。

吊篮是直升机吊篮法带电作业时作业人员的主要工具，当直升机将吊篮吊挂到作业区域时，吊篮上的作业人员就将吊篮与导线锁闭，然后，吊篮与直升机的吊挂绳脱离，带电作业人员就在吊篮上进行作业。作业完毕后，直升机再到作业区域上方将吊篮吊挂，吊到地面区域。

直升机吊篮法带电检修作业现场如图 3-19 所示。

图 3-19 直升机吊篮法带电检修作业现场图二

吊篮要求如下：

(1) 吊篮应满足导线分裂结构进入与悬挂，应具备合理的空间布局，能够满足 1 名或 2 名带电检修作业人员正常操作，并能满足工器具及相关零部件的放置要求等。

(2) 吊篮需在分裂导线上平稳滑动，宜设有滑轮组件，滑轮材料宜选择不损伤导线的浇注尼龙等非金属材料。

(3) 吊篮应设有刹车组件，便于在导线上实现吊篮位置的精确控制及固定。

3) 吊篮法作业流程

直升机吊篮法带电检修作业流程如图 3-20 所示。

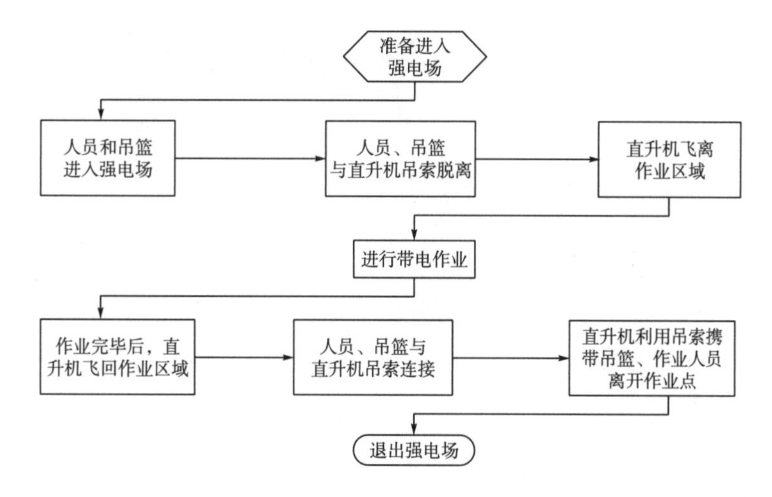

图 3-20 直升机吊篮法带电检修作业流程

4) 吊篮法作业安全

(1) 直升机吊钩上应安装可靠的防扭转装置，防止悬吊的吊篮、作业人员在空中旋扭、飘摆。

(2) 作业人员进行航行障碍物、作业塔号识别和确认时，直升机应从悬吊作业人员或吊篮高于导线30m的高度缓慢下降靠近带电导线；驾驶员应检查悬吊作业人员及吊篮所处的位置及其与周围带电体的距离，并及时调整飞行姿态。

(3) 当悬吊作业人员和吊篮距离目标 10～15m 时，作业人员应通过通信设备和飞行手势指导驾驶员缓慢下降直升机。

(4) 在下降过程中，驾驶员与作业人员应及时交流直升机下降的速度和角度，并实时调整。

(5) 直升机在靠近导线进入等电位过程中，作业人员应使用电位转移棒进行电位转移，动作应平稳、准确、快速。

(6) 在电位转移时，电位转移棒应与吊篮保持电气连接。

(7) 作业人员应确保连接线夹与导线可靠连接后，才能将电位转移棒收回，并确保作业期间带电作业人员、吊篮与导线保持等电位。

(8) 到达作业位置后，作业人员应在确保吊篮与导线连接到位且已将安全带与导线连接后，才能拆除与绝缘吊索的连接装置，并通知驾驶员将直升机飞离线路上方。

(9) 直升机着陆前，地面工作人员宜利用临时接地装置，按照先作业人员或作业设备后直升机的顺序进行放电操作。非专业人员不得进入直升机着陆区半径20m 范围内。

(10) 直升机在着陆时，应待带电作业人员落地或作业设备(包括吊篮、吊椅、吊梯等)进入地面托架，地面工作人员解开吊钩后，方可移至停机位着陆。

(11) 地面工作人员应随着直升机的下降及时回收吊索，防止吊索被吹起后与直升机旋翼缠绕。

3.2.2.5 直升机带电作业技术应用

2011 年 4 月 1 日，云南电网有限责任公司利用 Bell-206 直升机在楚雄高海拔地区尝试了 500kV 紧凑型交流线路直升机带电更换间隔棒作业，成功实现直升机在 500kV 小湾电站至楚雄换流站二回紧凑型输电线路上开展带电更换间隔棒作业。现场如图 3-21 所示。

图 3-21　云南通航直升机带电更换间隔棒

4 直升机三维激光雷达扫描作业

直升机三维激光雷达扫描技术在输电线路运行维护中的应用，主要集中在对输电线路通道的精确测量，识别出导线、地线、铁塔；其次可以找出对线路安全运行存在潜在隐患的危险点；与其他线路资料配合，可以非常形象地实现输电线路的数字化管理。

本章涉及工作所需表单现附录 4-1～附录 4-5。

4.1 作 业 流 程

直升机三维激光雷达扫描作业流程如图 4-1 所示。

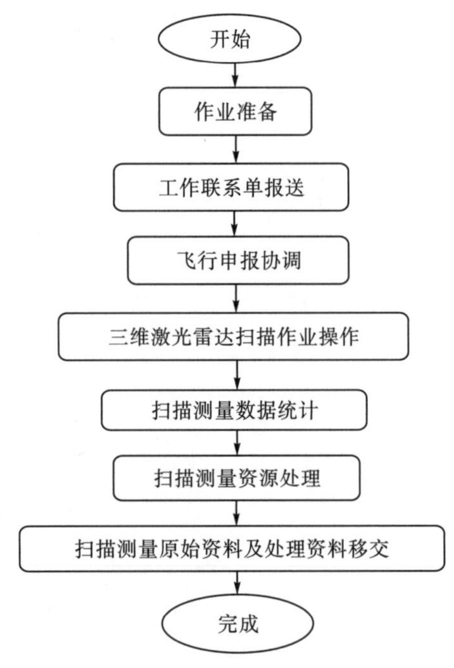

图 4-1　直升机三维激光雷达扫描作业流程

4.2 安全风险与预控

巡视作业安全风险及预控措施如表 4-1 所示。

表 4-1 巡视作业安全风险及预控措施

序号	风险类别	风险名称	建议采取的控制措施
1	人身风险	晕机呕吐	(1)机舱内部配备急救所需药品；(2)作业人员状态不佳，禁止登机作业
		耳膜伤害	上机人员必须佩戴航空专用头盔或防噪耳机，必要时配备防噪耳膜用品
		长时间风吹、关节受损易发关节炎等	空中人员应穿戴膝盖防护护具，配备必要的防寒衣物，膝盖防护护具和防寒衣物应纳入劳保用品
		人身坠落	(1)机组全体人员召开巡线飞行准备会，明确当日直升机巡线任务及人员分工，并进行安全和技术交底，全体人员清楚工作内容及安全注意事项后，在交底记录上签名确认； (2)飞行作业前查看天气情况是否满足飞行要求，不满足时严禁起飞作业； (3)作业前将直升机前后舱门关闭，全程保持关闭状态； (4)作业过程中出现异常天气时不得开展悬停作业，必要时立即返航； (5)作业过程中作业人员需扣好安全带，操作人员要脱离座椅安全带，因此需要增加个人安全带； (6)机巡作业所编制人身事故(事件)应急预案，确保机巡人身事故(主要是生产性人身事故)发生后，能够快速地开展应急处置工作，科学、有序地实施救援行动，有效救助受困、受伤人员，及时控制事故规模、降低事故影响； (7)保持直升机与各方无线电通信； (8)出现紧急情况时根据飞行手册进行操作
		物体打击	(1)搬运大件、质量较大的机载设备应至少两人配合，使用专门的减震机箱搬运；(2)由有经验的人员统一指挥，密切配合；(3)作业人员正确佩戴安全帽，穿具有防砸功能的工作鞋
		冻伤	为机组人员配置全套防寒用品，作业前需穿戴
		交通意外	(1)出车前、行车途中、收车后，该车驾驶员根据带电作业分公司车辆使用检查表对车辆水油电、轮胎、随车设施(座椅、车门等)、制动系统、转向系统、传动系统、灯光信号等进行检查，发现车辆存在故障时，不得驾驶该车辆； (2)要求驾驶员严格执行派车单所列事项，不得疲劳驾驶，行车一段时间(2h 左右)后稍作休息 20min； (3)驾驶员按照交通法规行驶，不得超速、超载、不系安全带、吸烟、观看视频、打电话等； (4)带车负责人在出车前了解驾驶员状态，禁止带病驾车、酒后驾车、违章驾驶等行为； (5)驾驶员严格执行交通安全控制单、车辆“三检”制度，根据出车安全要求、季节性行车注意事项，谨慎驾驶； (6)要求所有乘车人员必须正确使用安全带； (7)避免在夜间、大雨天、雾天等天气下长时间行车，若当天无法到达目的地，工作负责人应合理选择住宿地点，保证驾驶员睡眠充足； (8)若车辆是逆光行驶，驾驶员应戴太阳镜或采用遮光板，防止逆光造成车辆操作失误； (9)熟悉车辆在行驶过程中发生故障的处理原则，掌握发生交通意外的应急处理预案和人身急救处理方法
		接触性皮肤伤害、感染	选择卫生条件达标、干净、通风良好的宾馆
		中毒	(1)选择有营业执照、卫生许可证的餐饮； (2)严禁食用野生菌与过期、变质食品； (3)严禁食用不明野果

续表

序号	风险类别	风险名称	建议采取的控制措施
2	设备安全	设备报废	(1)飞行作业前查看天气情况是否满足飞行要求，不满足时严禁起飞作业；(2)作业过程中出现异常天气时不得开展悬停作业，必要时立即返航；(3)保持直升机与各方无线电通信；(4)出现紧急情况时根据飞行手册进行操作
		吊舱设备疲劳损坏	(1)年度计划、季度计划编制完成后由机巡作业所审核，云南电网有限责任公司设备部进行审批；(2)月度计划和周计划编制完成后由机巡作业所进行审批；(3)严格按照设备操作手册进行操作
		吊舱设备性能下降	(1)制定设备使用交接规定，做好设备交接；(2)每次作业前由机组人员对设备运行情况进行检查，确认完好后方可开展作业；(3)根据设备检定要求及时将设备返回厂家检定
		巡视设备安装和固定不达标	(1)严格按照设备说明书对设备进行安装调试；(2)巡线作业前需进行设备检查，不具备条件时拒绝放行；(3)可见光巡视员需将相机挂牢在脖子上，防止坠落
		仪器运输不当	仪器需装在专用箱内，并由专人保管，在运输时必须锁紧内部螺母，防止抖动
		物体打击	(1)及时移交巡视资料；(2)加强对存储介质的保管与维护；(3)对巡视资料进行双备份
3	职业健康	高原反应	(1)巡视人员在出门前要带好急救药品，必要时应该配备经民航认证许可的供养设备；(2)身体不适人员，严禁在高海拔区作业；(3)机舱内部必须配备急救所需药品，必要时返航
		中暑	(1)工作前准备好足量淡盐水，在工作过程中摄入足够水分；(2)合理安排工作时间，多备饮用水及降暑药品；(3)尽量避免在气温较高时进行巡视
		职业性疾病	(1)机巡作业所编制年度计划后由输电运维部审核，云南电网有限责任公司设备部进行审批；(2)机巡作业所编制季度计划、月度计划和周计划后由输电运维部进行审批；(3)每次作业任务开展前对人员健康状况进行评估，存在不适的严禁作业

4.3 作业准备

4.3.1 人员配备

作业人员配备如表 4-2 所示。

表 4-2 作业人员配备

序号	岗位名称	建议配备人数/人	人员职责分工
1	可见光巡视员	1	核对杆号并协助吊舱操作员
2	吊舱操作员	1	直升机三维激光吊舱操作

注：以上人数为一架直升机作业最低人员配置。

4.3.2 设备及工器具准备

主要设备及工器具准备要求如表 4-3 所示。

表 4-3 主要设备及工器具准备

序号	巡视设备	性能要求	数量	功能	备注
1	稳像仪	14 倍及以上放大倍数机械或电子防抖	1 台	远距离观察线路缺陷	必配
2	单反相机	3000 万像素以上单反相机、并配有 300mm 及以上变焦镜头	1 台	进行目视巡视拍照使用	必配
3	录音笔	—	1 支	录制缺陷情况	必配
4	机载吊舱	陀螺稳定	1 个	防抖稳定功能	必配
5	LiDAR 系统	存储容量大于等于 128GB，连续工作时长大于等于 6h，文件导出速度大于等于 10MB/s	1 个	—	必配
6	激光扫描仪	测距精度优于 10mm，最大激光测距大于等于 900m，扫描频率为 10～200 线/s	1 台	—	必配
7	GPS+惯性测量系统	俯仰/翻滚角精度优于 0.0015°，航向角精度优于 0.03°	≥1 个	—	必配
8	数码相机	不低于 3600 万像素，镜头焦距小于等于 35mm	2 台	—	必配
9	地面 GPS 接收机	—	1 台	—	必配
10	地理信息数据生产软件	DEM（digital elevation model，数字高程模型）数据精度不低于原始点云数据精度，DOM（digital orthophoto map，数字正射影像图）数据精度不低于 2 倍 DEM 精度	1 个	—	必配
11	预处理软件	—	—	—	必配
12	电力巡视通道隐患分析软件	—	—	—	必配
13	降噪头盔、降噪耳机	—	2 副	机舱内作业防撞、保护作业人员听力、机舱内通信	必配
14	通用五金工具	—	1 套	机载设备安装	必配
15	医用药箱	配备创可贴、纱布、医用胶带、红霉素软膏、息斯敏、去痛片、清凉油、藿香正气口服液	1 个	巡线作业用	必配

注：以上设备及工器具为一架直升机作业最低配置。

4.3.3 劳保用品准备

劳保用品的准备如表 4-4 所示。

表 4-4 劳保用品准备

序号	劳保用品	数量	功能	备注
1	防寒头套面罩	2 个	抵御寒风	必配
2	可拆卸护膝	2 副	抵御寒风	必配
3	防寒服	2 件	抵御寒风	必配
4	皮裤	2 条	抵御寒风	必配
5	皮夹克	2 件	抵御寒风	必配
6	皮手套	2 副	抵御寒风	必配
7	防护眼镜	2 副	抵御强烈光线	必配
8	防水工作鞋	2 双	防水	必配
9	遮阳帽	1 顶	抵御强烈光线	必配

注：以上用品配备为一架直升机作业最低人员所需劳保用品配置。

4.3.4 技术资料准备

根据扫描任务要求，收集所需扫描架空输电线路的地理位置分布图，熟悉线路走向、地形地貌及机场重要设施等情况。收集所需巡视架空输电线路的杆塔明细表和经纬度坐标，熟悉线路电压等级、交叉跨越及架设方式。查询巡视架空输电线路所在地区的天气情况，提前做好飞行准备。

4.3.5 扫描飞行准备会

召集机组全体人员，召开扫描飞行准备会。会议需明确直升机三维激光雷达扫描测量任务及扫描测量计划，并进行安全和技术交底。

4.4 作业申请

报送年度作业计划时将工作联系单(直升机巡线计划)报送至省公司设备部，《直升机三维激光扫描工作联系单》详见附录 4-4。将直升机三维激光雷达扫描测量计划及准备好的架空输电线路地理位置分布图、杆塔明细表、经纬度坐标等资料报送至机组航务，机组航务负责飞行航线及临时起降点空域许可的申报协调。

4.5 现 场 作 业

4.5.1 现场作业操作步骤

4.5.1.1 设备安装及调试

根据机载设备产品说明书完成安装、接线及调试工作。

4.5.1.2 安全检查

进行作业安全检查并填写《直升机作业安全检查表》(附录 4-1)。

4.5.1.3 作业开始

到达线路作业点，确认线路和杆塔，核实无误后，开始进行三维激光雷达扫描测量。

4.5.1.4 作业过程

(1)直升机起飞前，应避免附近有高大树木和建筑物遮挡，以免遮挡全球卫星导航系统(global navigation satellite system，GNSS)信号。

(2)待直升机上的电源电压稳定后，方可打开机载激光扫描系统的电源开关。

(3)当机载激光扫描系统扫描输电线路，进行各类数据(包括激光点云数据、影像数据、GNSS/IMU 数据、气象数据)采集时，系统操作员应及时填写《直升机现场作业记录表》(附录 4-2)。

(4)巡视员利用防抖望远镜及高倍相机核对并确认需要扫描的线路和杆塔。在扫描过程中，目视检查周围环境，发现安全隐患及时和机长沟通，并及时汇报所扫描处线路位置及飞行工作状态。

(5)操作员操作系统，进行三维激光雷达数据采集，并和可见光巡视人员一起判断飞行高度及飞行速度是否满足数据采集要求，当不满足数据采集要求时，及时与机长沟通协调。

(6)直升机降落并停稳后，应等候至少 5min 再关闭直升机电源。

4.5.1.5 作业完毕

空中作业完毕，记录此次线路巡视的终点位置，包含线路名称、杆塔号及经纬度坐标。关闭吊舱及巡视设备，填写《直升机现场作业记录表》(附录 4-2)。

4.5.2 作业质量控制措施及检验标准

(1)在开展直升机巡视前，查询线路所在地区的天气情况，提前做好飞行准备。

(2)在扫描输电线路过程中，直升机宜在线路或杆塔上方70～100m的高度以45～55km/h的速度飞行，并保持该高度与速度进行激光扫描数据和影像数据的采集。

(3)机载单反相机具备防抖、自动对焦、运动拍摄功能，相机镜头可变焦，影像分辨率不低于3600万像素，镜头焦距小于等于35mm。

(4)直升机位于线路正上方，沿输电线路走向飞行，与线路保持相对平行。

(5)直升机巡线尽量背光飞行。

(6)当天作业结束后对数据进行检查，查看是否存在遗漏。

4.6 扫描资料移交

(1)直升机三维激光雷达扫描测量的原始数据、处理数据应及时整理，并完成扫描测量总结报告。

(2)每条线路巡视结束后，将巡视资料在直升机/无人机电力作业技术支持系统中上传提交，《直升机三维激光扫描资料移交清单》见附录4-3。

(3)扫描测量产生的所有资料必须进行存储备份，扫描测量资料作业组留存后提交上传至直升机/无人机电力作业技术支持系统，存储在系统数据库中，以便进行资料查询和数据分析。

(4)运维单位使用直升机/无人机电力作业技术支持系统中的数据，对疑似隐患进行核实并消除。

5　LiDAR 数据处理、分析

5.1　LiDAR 数据处理概述

随着激光雷达技术的发展，利用快速获取的高精度三维激光点云数据可以较为精确地重建具有几何信息特征的三维模型。同时，由于激光雷达的成本降低，以及各类三维重建工作的需要，激光雷达的用途也越来越广泛。由于激光雷达技术的应用领域不断扩展，大量的研究人员开始从事对利用激光雷达获取的点云数据进行处理及三维模型重建的工作。

目前，国内外激光三维扫描设备已经广泛投入应用，如机械加工、古文物保护、环境监测、城市建筑建模、军事侦察、自动驾驶等多个领域，激光雷达设备在不断发展，相应的数据处理技术也在不断提高。现在，激光雷达数据的处理已是一个研究的热点。

国外对三维激光扫描方面的研究起步较早，对点云数据的处理及三维重建都有一定深入的研究，基本完善了点云数据处理的流程。国内对三维激光扫描方面的研究起步虽然要晚一些，但是也有一定的研究成果，在点云数据处理的各个阶段提出来许多创新的方法和途径，针对点云特征的点云分割是目前研究的重要方向。

三维物体表面一般都存在几何不连续性的区域，对应三维点云数据中的这些点，统称为几何不连续点。这些点大部分体现了物体表面的形状特征，如角点、拐点、脊线、棱线等。

近年来，国内外学者提出了许多三维点云数据的特征识别和提取方法。其中，一类方法是对数据进行网格划分，建立三角形或其他类型的网格模型，利用网格的几何拓扑信息如法向量、曲率、梯度、距离等，来识别几何特征点，北京大学的耿博、张慧娟和汪国平提出一种基于张量投票理论提取三角网格模型特征边的计算方法，可以提高运算速度；另一类方法是直接利用几何特征如法向量、曲率、角度和梯度信息等，估算点云数据集合中的几何不连续点，这类方法比较直观，运算速度较慢；还有的方法从统计学的观点出发，选取具有区分能力的统计特征，常见的如各点之间的几何关系(距离、角度、法线方向关系等)、各点的曲率分布、点的各阶统计矩和各类变换特征的系数等。

5.2 LiDAR 数据预处理

5.2.1 GNSS 系统数据处理

5.2.1.1 GNSS 概述

GNSS 泛指所有卫星导航系统，包括全球的、区域的和增强的，如美国的全球定位系统(global positioning system，GPS)、俄罗斯的全球卫星导航系统(global navigation satellite system，GLONASS)、欧洲的伽利略卫星导航系统(Galileo satellite navigation system)、中国的北斗卫星导航系统，以及相关的增强系统，如美国的广域增强系统(wide area augmentation system，WAAS)、欧洲地球静止导航重叠服务(European geostationary navigation overlay service，EGNOS)和日本的多功能运输卫星增强系统(multi-functional satellite augmentation system，MSAS)等。GNSS 是一个多系统、多层面、多模式的复杂组合系统，利用一组卫星的伪距、星历、卫星发射时间等观测量来提取位置信息，同时必须知道用户钟差。GNSS 是能在地球表面或近地空间的任何地点为用户提供全天候的三维坐标、速度及时间信息的空基无线电导航定位系统。因此，通俗一点说，要知道经纬度，还想知道高度，必须收到 4 颗卫星的信号才能准确定位。

GNSS 依靠卫星高效、稳定的工作特点，能够实现在航空器的飞行过程中提供不间断的高精度定位信息，由于能够提供更好的精度，该系统能有效地缩小航空器运行间隔，最大化利用空域。如果基于 GNSS 建立起 RNAV(radar navigation，雷达导航)航路，则可以允许无人机在任意确定的两点之间以最短的路径飞行，有利于节能减排，提高航班运行效率，增加航路设计的灵活性。GNSS 将逐步淘汰陆基导航设备，在节省资金的同时，可以克服陆基设备受地形限制的缺点。目前，能够为国际民航提供长期稳定运行支持的星座只有 GPS 星座。

5.2.1.2 GNSS 定位原理分析

根据几何理论，通过精确测量地球上的一个站点到 3 颗卫星之间的距离，就可以依照点到这个三角形的位置来确定定位信息。GNSS 就是根据这个原理以 GNSS 卫星和用户接收机天线观测之间的距离为基准，根据已知的卫星瞬时坐标来确定用户接收天线的位置。

GNSS 定位方法可用于测距定位，它根据无线电波的传播速度恒定、传播路径的线性性质，通过测量空间中电波的传播时间来确定卫星和用户接收机天线之间的距离差、距离和测量值，再以这些距离差为半径进行三球交汇，根据联立方程求解用户位置。因为卫星时钟难以与用户接收时钟维持严格的同步，受卫星时钟和用户接收时钟同步误差的影响，实际距离观测不是真正的卫星和观测站之间的距离，而是包含距离差的，称为伪距。为了实时解算 3 点坐标分量和 1 个差分 GNSS 接收机时钟误差，需要至少 4 颗卫星的同步观测，下面根据卫星瞬时位置、卫星钟差Δt及 4 个伪距［$(X_1, Y_1, Z_1)\sim(X_4, Y_4, Z_4)$］来确定用户位置和接收机钟差参数的联立方程表达式：

$$
\begin{aligned}
\rho_1 &= \left[(X_1-X)^2+(Y_1-Y)^2+(Z_1-Z)^2\right]^{\frac{1}{2}}+C\Delta t \\
\rho_2 &= \left[(X_2-X)^2+(Y_2-Y)^2+(Z_2-Z)^2\right]^{\frac{1}{2}}+C\Delta t \\
\rho_3 &= \left[(X_3-X)^2+(Y_3-Y)^2+(Z_3-Z)^2\right]^{\frac{1}{2}}+C\Delta t \\
\rho_4 &= \left[(X_4-X)^2+(Y_4-Y)^2+(Z_4-Z)^2\right]^{\frac{1}{2}}+C\Delta t
\end{aligned}
\tag{5-1}
$$

式中，C 为光速，一般定义为 299792458m/s。式(5-1)中有 4 个未知量、4 个未知方程，通过解算即可得到用户的位置。

GPS 的首要任务是精确定位。该系统的定位过程可以描述为：人造卫星在绕地球的地表运行时不断发射编码调制的连续波无线电信号，该信号被包含在准确的发射卫星信号中，以及不同时刻卫星在空间的精确位置中。卫星导航接收机接收卫星发出的无线电信号，测量信号的到达时刻，计算卫星和用户之间的距离，用导航定位算法解算得到用户的位置。

(1)伪距法是由接收机产生与接收码相同的本地码，当经过相关处理使输出最大时，接收码与本地码对齐，测定本地码相对于基准的延迟，可以求出用户到卫星的距离。通常空间某点的位置，可以通过测量它到空中的一些已知位置的距离来得到。假如确定用户的二维位置，则需要 3 颗卫星和 3 个距离。在二维的情况下，与一个固定点有恒定距离的点的轨迹是圆，两个卫星和距离能够确定两个点，这时就需要第三颗卫星和距离来确定用户的唯一位置，同理，在三维的情况下就需要 4 颗卫星确定用户的唯一位置。在三维的情况下，卫星确定的等距离点的轨迹是球体，两球体相交为一个圆。这个圆和另一个球体相交于两点。为了确定用户在这一点上，还需要一颗卫星。在 GPS 中，用户可以获取 GPS 卫星数据的卫星星历数据，用户还可以测量卫星到接收机的距离，并根据卫星的空间布局，用户接收机可以接收 4 颗或更多的卫星，因此可以确定用户的位置，伪距定位如图 5-1 所示，图中 s_1、s_2、s_3 代表 3 颗卫星，x_1、x_2、x_3 代表 3 颗卫星分别到用户的距离。

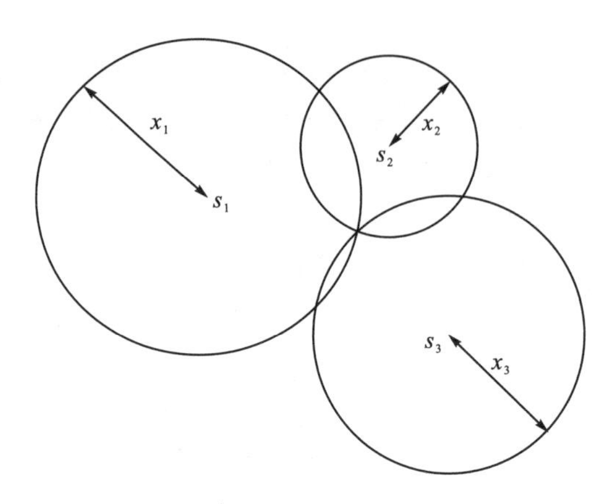

图 5-1 伪距定位

(2)载波相位法是将载波相位作为观测量，用信号载波波长作为单位进行解算，即由 GPS 信号二次调制得到。如果射频作为载波，伪码作为副载波，其原理是在载波相位测量的同时，还要获得伪钟频的相位观测值。

(3)多普勒法是利用卫星绕地球运动时待测位置与卫星之间由于相对运动，在待测位置接收卫星信号的多普勒频仪，并据此确定待测位置与卫星距离，最后计算待测位置。载波相位测量方法和多普勒法虽然具有误差小、精度高的特点，但在高动态情况下，特别是在航空器运行上，存在实时快速解算整周模糊和周跳问题。要实现动态载波相位技术应用于民用航空仍然有一定的困难。

5.2.1.3 GNSS 区域导航增强分析

GNSS 卫星在实际运行过程中由于受到多种因素的影响，所以不可避免地会产生运行误差。为了满足空中交通安全的需要，必须改善卫星导航的完整性、可用性、精度和连续性，通过卫星地面设施，采用有限差分技术、卫星技术、检测手段等，提高卫星导航系统的整体性能。按 GNSS 增强系统的组成，可以分为机载增强系统(airborne-based augmentation systems，ABAS)、星基增强系统(satellite based augmentation systems，SBAS)和地基增强系统(ground-based augmentation systems，GBAS)。

1)机载增强系统(ABAS)

ABAS 也称为接收机自主完好性监测系统，结合 GNSS 信息、机载设备信息和机载设备优化系统，保证导航信号完整性要求。该技术是最常见的接收机自主完好性监测(receiver autonomous integrity monitoring，RAIM)。RAIM 用卫星测量范围的冗余探测故障信号(故障检测)告警飞行员。冗余信号的要求意味着导航的完好性不可能在所需时间内达到 100%有效。ABAS 的应用还包括无人机自主完好性监视、全球定位系统、惯性导航系统等。

RAIM 算法需要最少 5 颗可见卫星，用来检测在给定飞行模式下非常大的位置误差的出现。故障监测与排除需要至少 6 颗卫星，它不仅用于发现故障卫星，还能将它从导航问题中排除，从而保障导航功能不中断，继续工作。

机载增强系统特别有助于改善导航功能的可用性。当没有其他可用的机载增强系统时，用于航空的 GNSS 接收机必须具备 ABAS 功能，以提供完好性监视和告警。ABAS 的主要形式为由 RAIM 算法提供的失效探测。ABAS 系统的宗旨是保证定位精度，实现对卫星状态的监控，确保使用健康的卫星进行定位。

2) 星基增强系统(SBAS)

在 SBAS 的覆盖区域内，可以提供一种或多种服务，主要服务功能包括 3 点。

(1) 测距。SBAS 和其他增强系统(ABAS、GBAS 或其他 SBAS) 提供测距源，以供使用。

(2) 卫星状态和基本差分校正。SBAS 提供航路、终端和非精密进近服务。不同的服务区域支持不同的运行。

(3) 精密差分校正。SBAS 提供类精密进近服务和精密进近服务。

SBAS 可以在规定的服务区外提供精确、可靠的服务。卫星状态和基本差分校正功能都可用。通过给核心卫星星座(或 SBAS 卫星) 提供坚实和完整性数据，这些功能的性能在技术上足以支持航路、终端区和非精密进近运行。SBAS 运行效果如图 5-2 所示。

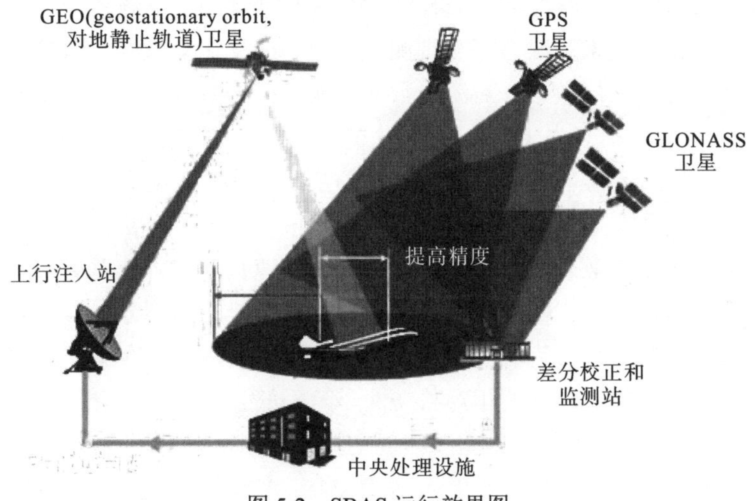

图 5-2 SBAS 运行效果图

3) 地基增强系统(GBAS)

GBAS 称为地基增强系统，也称为局域增强，在机场或其附近本地增强 GNSS 定位信号的精度和完好性。GBAS 可以支持进近和着陆运行，类似当前仪表着陆系统(instrument landing system, ILS)支持的进近和着陆。GBAS 还能增强或支持终端区运行，支持非常精确的无人机定位，该定位不是在规定的进近航路或跑道上特有的。

典型的 GBAS 包括地面、机载和空间部分。空间部分包含核心星座(GPS 和 GLONASS)的 GNSS 卫星和 SBAS 提供的可以选择的测距源。GBAS 能单独提供基于 GPS 的增强信号，或许还包括 GLONASS 和 SBAS 的增强信息。

5.2.1.4 GNSS 的观测与数据处理

近年来，正在发展形成多个 GNSS，这将大大增加观测量，扩大应用领域，更有助于提高各种观测结果的精度。

目前，生产的 GNSS 接收机主要可接收 GPS 与 GLONASS 的数据。接收机的观测数据采样率有了很大的提高，有的可达 50Hz。全球 GNSS 连续观测站数量不断增加，且实时传输观测数据的 GPS 地面连续观测站，可获得近实时观测结果。

GNSS 观测已由地面扩展到星载观测，特别是低轨卫星观测，为卫星重力测量、对流层和电离层研究提供了新的更有效途径。尽管星载 GNSS 观测不会直接提高观测结果的精度，但会有助于改善一些改正模型(如对流层延迟模型和电离层延迟模型等)，间接提高观测结果的精度。

GNSS 数据格式标准化是 GNSS 数据交换和处理中的问题之一。近年来，不仅已有的数据格式用来适应 GNSS 观测数据内容的变化与发展，同时推出一些新的数据格式，如电离层数据、对流层数据、地球自转参数、钟差数据、卫星与接收机天线等数据的格式。从 GNSS 数据格式标准化及其发展可以看出，采用(压缩)数据文件是 GNSS 数据存储，并加以管理的主要方式。无缝文档中心则实现大量数据的网上一站共享。

GNSS 数据处理软件在自动化、高精度、快速甚至实时处理多系统观测数据方面取得了重大进展。GNSS 数据处理软件一般都包括两部分：第一部分为原始观测数据处理；第二部分为利用第一部分的计算结果进行综合解算。两部分既有不可分割的联系，又有较大的相对独立性。第一部分主要体现 GNSS 原始观测数据处理技术水平，而第二部分则主要体现空间大地测量理论和综合数据处理水平。两部分数据处理软件的发展和改进是齐头并进的。通过 SINEX(Solution INdependent EXchange Format)格式的文件，一些软件可以综合处理其他软件的计算结果。对于精度要求最高的地壳运动或其他研究，一直采用相位观测值作为基本观测值，通过后处理求解高精度计算结果。一般说来，根据定位计算的方法，GNSS 数据处理软件分为精密单点定位(precise point positioning，PPP)软件、双差定位软件和同时具有这两种功能的软件。

不同的软件各有所长。上述软件都不仅能得到地壳运动结果，还可得到有关对流层和电离层等的信息。对于观测研究地壳运动，双差定位软件仍有明显的优势，即处理得到的点位精度高，但同时处理的站数受限。精密单点定位软件可逐站分别处理点位，计算工作量只随测站数线性增加，可直接得到最为丰富的信息，对于不少应用有其优势。精密单点定位软件可以方便地得到所采用的参考框架中厘米量级的近似坐标，这对进一步的精化计算地壳运动的结果十分有利。因此，同时具有精密单点定位和双差定位功能的软件又有其优点。已有软件可以进行单历元相位观测值计算，用于观测研究大地震震中附近较长周期的地震波，并得到了实际观测结果。利用星载 GNSS 观测确定卫星轨道，特别是低轨卫星轨道，是 GNSS 数据处理软件功能的重大扩展之一，因此一些 GPS 分析中心正在拓展卫星重力的研究。

5.2.2 LiDAR 导航数据处理

5.2.2.1 LiDAR 导航数据介绍

LiDAR 导航数据由三维激光扫描系统自动记录，数据时段从系统启动时开始，到系统关闭时结束。导航数据以 raw 文件形式存储，按时间顺序存为指定大小的若干文件，文件后缀依时间顺序按“000”“001”和“002”等依次命名。

原始导航数据文件经软件解压，提取出相应惯导数据文件和 GNSS 文件，并通过对应软件(如 IPAS Pro、GrafNav 等软件)进行处理生成航迹文件。在进行 GNSS 解算时，需要将导航数据转换至指定的国家坐标系或地方坐标系下，一般采用地面架设基站(基站在指定坐标系下的坐标已知)，与航摄系统同步采集 GNSS 数据进行差分的方式，因此还需要同步观测地面接收机数据。

另外，在测区地形复杂、无法架设地面基站的情况下，导航 GNSS 数据还支持精密单点定位的解算方式，此种方式无须地面 GNSS 基站数据，但需下载同一观测时段的星历数据，与机载 GNSS 数据进行差分解算。

5.2.2.2 导航数据处理步骤

LiDAR 导航数据的处理过程可分为 3 个步骤。

(1)数据解压：将原始数据 RAW 文件解压为机载 GNSS 数据 GPS 和惯导惯

性测量组合(inertial measuring unit，IMU)数据***.imu。

(2)GNSS 数据处理：将 GNSS 数据经过转换后与地面基站 GNSS 数据(在 PPP 模式下精密星历数据)进行差分解算，生成激光扫描系统的位置文件***.lat。

(3)生成航迹文件***.sol：将 LAT 文件(经转换后生成 lat.bin 文件)和***.imu 文件联合解算，生成航迹文件***.sol。导航数据的解算过程如图 5-3 所示。

图 5-3 导航数据的解算过程

其中，导航数据解压和生成航迹文件[步骤(1)、(3)]均可以在 IPAS Pro 软件中进行，GNSS 数据处理[步骤(2)]可以在 GrafNav(GrafNav 是加拿大 Waypoint 公司开发的 GPS 事后处理软件包)软件中进行。

5.2.2.3 导航数据解压与检查

将 GNSS 文件和***.imu 文件解压至指定文件夹，对数据进行检查，包括数据的起始时间、采样频率、数据有无中断等。

5.2.3 LiDAR 数据空间划分及领域关系的建立

激光扫描获取的数据多为散乱的数据，每个数据点只包含点的三维坐标值，而没有明确给出其对应的几何拓扑信息。为方便后期数据处理，研究散乱数据的最近邻域搜索算法显得非常重要。一般常用的最直接的邻近搜索算法就是穷举法，即计算每个点与点云中其他点的欧氏距离，然后对它们按从小到大进行排序，选出距离最小的 k 个点。任何点的搜寻都必须在点群集合的全局范围内进行，因此在海量的无序数据点集中遍历搜寻，是后期数据处理缓慢的主要原因。

由每个数据点生成周围邻近点的过程，实际上就是在所有的数据点中寻找 k 个距离此数据点最近数据点的过程。在寻找距离最近的数据点时，如果每次都搜索全部的数据点，将会使搜索的计算量呈数据量的平方级增长，当面对海量的散乱数据时，这种搜索方法会使得算法的效率大大降低。因此，需建立测量点群集合之间的几何拓扑关系，减小数据的搜索范围，从而提高密集散乱点群集合几何建模的速度。一般获取点 P 的 k 近邻的方法主要有两种：包围盒搜索算法和 k-d 树搜索算法。

5.2.3.1 包围盒搜索算法

基于包围盒的 k 近邻搜索算法的主要思路是：首先求出点云数据的平均密度，根据平均密度计算出小立方体栅格边长 Ls；再根据 Ls 值对点云数据进行空间划分，将各点划分到相应的小立方体栅格中，并过滤掉不包含数据点的小立方体栅格。其主要计算步骤如下。

(1) 计算点云的平均密度。确定小立方体栅格的边长 Ls，小立方体栅格的边长应与点云平均密度成反比，与邻近点的个数 k 成正比。当点云平均密度较小时，表示在固定空间内的点云数量少，需要将 Ls 取大些，以提高 k 邻近搜索的速度；当点云平均密度较大时，应将 Ls 取小些，以保证在最恰当的范围内搜索。

(2) 将点云数据划分到小立方体栅格中。根据小立方体栅格的边长 Ls，将点云数据分割为 $m\times n\times 1$ 个小立方体栅格。当搜索 k 邻域时，只需在测点所在子立方体及其相邻的上下、左右、前后共 27 个小立方体中查找 k 个最近点。若搜索到的邻近点数目不够，则扩大搜索范围，搜索该包围盒周围的 124 个包围盒。

5.2.3.2 k-d 树搜索算法

k-d 树搜索算法通常是用来查找距离最近的两点，它是一种便于在空间中进行点搜索的数据结构。其具体过程如下：对于一个包含 n 个点的点云数据，先对 X 坐标找中值，使得点云数据中 X 坐标比中值大的点数量和 X 坐标比中值小的点数量一样多或相差一个。将点按照 X 坐标与中值的大小分成两个子集后，再对每个子集按照 Y 坐标的中值进行划分，得到四个子集，同样，对这四个子集按照 Z 坐标的中值进行划分，得到 8 个包含点数量基本相同的子集。如此循环，按照 X、Y、

Z 的顺序依次划分点云数据，并使用一个二叉树的结构来记录划分的结果，直到每个子集中包含的点数量接近设定的阈值 m。常常要求 m 大于需要搜索的近邻数 k，一般不超过 20。

利用 k-d 树搜索算法来组织点云数据，建立点云的拓扑关系，可以很好地提高空间搜索最近点的效率，通过空间划分的方法使邻近点的搜索从树的底层开始，也就是从空间的小区域开始，然后逐级向树上层的空间区域搜索，从而提高搜索速度。不过，对于数据量达到几百万的点云数据，对每个点求邻域也要耗费大量时间。

5.2.4 LiDAR 数据去噪滤波方法

5.2.4.1 基于图像处理的滤波去噪方法

扫描的点云数据在组织形式上是二维的，针对这一特点，可以借鉴几种二维图像处理的滤波方法。在图像处理中，滤波处理的是每个像素的像素值，而对扫描型的点云数据过滤是处理每个点的 x、y、z 坐标值。这种类型的点云数据可以选择平滑滤波，这是借鉴了数字图像处理中的概念，将所获得的数据点视为二维图像中的像元，即将数据点的值作为图像中像素点的灰度值来对待。对于扫描线型的点云数据，常用的去噪方法有均值滤波、中值滤波等。

二维图像中的均值滤波是取滤波窗口灰度值序列中的统计平均值来代替窗口中心所对应像素点的灰度值。实际上，均值滤波除了会使数据趋于平坦，变得平滑外，也有使模型表面细节丢失的可能。对此，可以通过调整参数的取值，在细节保留与滤波效果之间达到平衡。当把均值滤波应用到三维的扫描线点云数据过滤时，常先将扫描线点云数据进行分行，然后对于每一行数据分别进行滤波处理：假设此行的点数是 m，则对第 $2\sim m-1$ 个点进行数据点的平滑，即对于曲线上的第 p 个数据点，直接用其两个相邻点和自身坐标的平均值取代第 p 个数据点的坐标，公式如下：

$$\begin{cases} x_p = \dfrac{x_{p-1}+x_p+x_{p+1}}{3} \\ y_p = \dfrac{y_{p-1}+y_p+y_{p+1}}{3} \\ z_p = \dfrac{z_{p-1}+z_p+z_{p+1}}{3} \end{cases} \quad (p=2,3,\cdots,m-1) \tag{5-2}$$

二维图像中的中值滤波是先取滤波窗口灰度值序列中间的那个灰度值为中值，用它来代替窗口中心所对应像素的灰度值。把它应用到三维点云中处理时，可以在点云数据上滑动一个含有奇数个点的窗口，对该窗口所覆盖点的坐标值按大小进行排序，处在坐标值序列中间的那个坐标值称为中值点，用它代替窗口中心的点。常用于消除随机脉冲噪声的中值滤波是一种有效的非线性滤波，它不仅能有效地去除毛刺数据及大幅度噪声数据的影响，还能很好地保持模型的细节特征。

5.2.4.2 基于包围盒的去噪方法

该方法的基本思想是：设定原始点云数据集 P，分别找到其在坐标轴 X、Y、Z 3 个方向上的最大值 X_{max}、Y_{max}、Z_{max} 和最小值 X_{min}、Y_{min}、Z_{min}。根据 3 个方向坐标的最大值和最小值建立平行于坐标轴的最小包围盒：$A=\left[X_{min},X_{max}\right]*\left[Y_{min},Y_{max}\right]*\left[Z_{min},Z_{max}\right]$。然后，设定一个适当的阈值 L，从而将包围盒分割为 $m\times n\times 1$ 个平行的小立方体。具体建立点云数据的包围盒方法及步骤参见 k 邻域搜索算法中的包围盒搜索算法。

将点云数据中所有的点都划分给这些小立方体，每一个含有数据点的小立方体和其周围 26 个相邻立方体中包含有数据点的立方体即可划分为在同一连通域中。在去噪的过程中，通过找到一个含有最多小立方体的连通域即可选为要保留的数据点集。去除游离于连通域之外的数据点集，即可成功地删除孤立点。参数 L 值的大小要根据点云数据的密度进行确定，如果选值太大，不能成功删除周围的杂散点；如果选值太小，则会删除过多的有用点。

5.2.5 LiDAR 数据精简方法

5.2.5.1 基于曲率的精简方法

曲率是曲线曲面研究领域中常用于表征曲线或曲面形状变化的特征量，根据曲率的突变，可以提取曲面上的精细结构。采样点的曲率越大，该点所在局部曲面越有可能是被测物体的尖锐特征，采样区域的曲率变化越大，往往包含着越重要的特征信息。基于曲率精简方法的基本思路是：先求得各数据点的曲率，再根据曲率精简原则进行精简。常用的曲率精简原则是：曲率变化小的区域保留少量的点，曲率变化大的区域则保留多的点，即根据曲率大小，将曲率值划分为多个区间，对应各个区间设定不同的偏差 ε。在某一曲率区间内，如果点 P_j 对于基准点满足 $\left|H_j-H_i\right|\leqslant\varepsilon$，其中，$H_j$、$H_i$ 分别是 P_j、P_i 的平均曲率，则删掉 P_j 点，反之保留 P_j 点，并以 P_j 点为基准点，重复以上过程。该方法不仅能较准确地保留模型的曲面特征，更能有效地减少数据点，算法流程如图 5-4 所示。

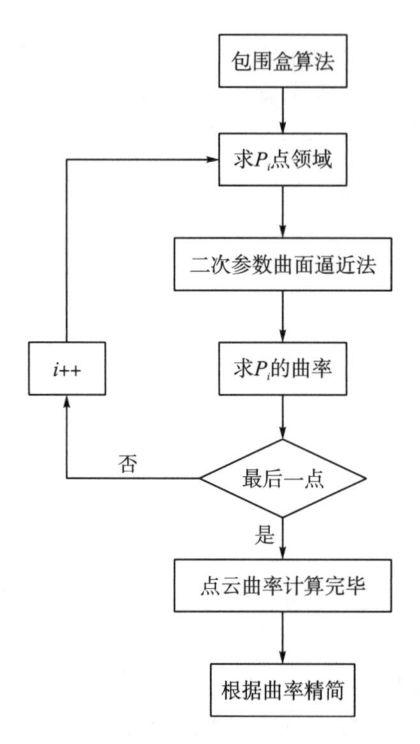

图 5-4 基于曲率的精简流程

除了选择曲率进行数据精简外，在实际应用中，也常采用反映曲率变化的特征参数作为精简数据的判别依据，如最小距离法、角度偏差法等。最小距离法一般针对的是扫描线型的点云数据，其基本思路是：先设定一个最小距离，然后沿扫描线方向顺序比较相邻两点间的距离，若此距离小于设定的最小距离，则把后一个比较点记录下，依次判断所有扫描点，最后根据实际情况判断这些记录点是否要剔除。

角度偏差法是一种常用的精简方法，其基本原理是：选择点云曲面上的连续点，每相邻的两点构成一个有向矢量，依据相邻矢量间的角度偏差反映截面上点的曲率变化，这样可以通过角度偏差来精简点云。

5.2.5.2 基于包围盒的精简方法

基于包围盒的精简方法是通过包围盒来约束点云数据，将所有的点云数据都包含在一个大包围盒中，然后将其分解成若干个均匀大小的小包围盒，在每个小包围盒中选取距离包围盒中心最近的点来代替整个包围盒中的点。该方法获得的点云数据的个数实际上等于包围盒的个数，对于获取均匀的点云数据能够取得一定效果。但由于包围盒的大小是由用户任意规定的，具有随机性，无法保证所构建的曲面模型与原始点云数据之间的精度。因此，又有人提出了基于平均点距的方法，即根据点云密度的精简准则：在有限的空间内，点云密度越大，则点与点间的平均距离就越小，因此可以通过比较在有限空间内点与点之间平均距离值的方法来判断点云密度，从而决定是否需要删除多余的数据点。该算法如下：

(1) 用户定义采样立方体栅格的边长 a 和欲精简数据点的百分比两个参数。

(2) 定义以任意一点 M 为中心、边长为 a 的采样立方体栅格内其他数据点点集为 $N=\{N_i(x_i,y_i,z_i),i=1,2,\cdots,n\}$。分别计算点 M 到点集 N_i 内任意一点的距离。

(3) 将所有距离相加，并求出平均点距值。

(4) 对所有数据点实施上述计算，平均点距值比较小的点是可能被删除的数据点。根据用户定义的精简百分比，把平均点距值最小的百分比数据点删除，从而实现数据点云的精简。

该方法适用于曲面显著特征较少、曲率变化较平缓的情况。此方法的优点是可以精简散乱的点云数据，而且简化速度快；缺点是必须重复计算数据点之间的距离，因此比较耗时，有时对于一些重要的过渡区域，当必须保留更多的数据点时，该方法可能导致重要数据点的流失。

5.2.5.3 基于聚类的精简方法

点云简化算法的基本要求有：缩小规模，消除冗余；保持模型档体特征；突出关键特征，如棱边、夹角、凸台、凹陷等：保留重要信息，如面与面的过渡区域、高曲率区域等。基于曲率的精简方法是在大曲率区域保留多的点，降低简化率，而对小曲率区域提高简化率，使该区域的数据点保留适当的密度。这种精简方法只根据曲率来决定简化率的大小，如果控制不好简化率，则常造成数据精简不均匀。基于包围盒的精简方法是删除小立方体栅格中多余的点，仅留一点，其特点是对整个点云数据采用相同简化率进行简化，这种方法势必造成高曲率的区域数据精简效果不明显，低曲率的区域数据精简过度。

总之，传统的简化算法多不注重对被测物体形状信息的保留，本书采用了一种基于聚类分析的简化算法，即按照聚类的思想先将点云数据中彼此相似的离散点聚合起来，形成不同的类；然后针对每个子类，根据几何相似性或者其他特征信息，设置不同的简化率来简化数据，由此保持了模型的显著特征。该算法步骤如下，如图 5-5 所示。

(1) 采用基于八维向量的均值聚类分割算法，将点云数据聚类分割为 k 个类。将点云分割成多个互不相交的子集，使每个子集内的点具有相似性。

(2) 对于各个子集分别采用基于曲率的精简方法。对于每个子集，根据曲率大小，将曲率值划分为多个区间，并针对各个不同区间设定不同的曲率偏差 ε。在

某一曲率区间内，点 P_j 对于基准点 P_i 如果满足 $|H_j - H_i| \leqslant \varepsilon$，其中 H_j、H_i 分别是 P_j、P_i 的平均曲率，则删掉 P_j 点，反之，保留 P_j 点，并以 P_j 点为基准点重复以上过程。

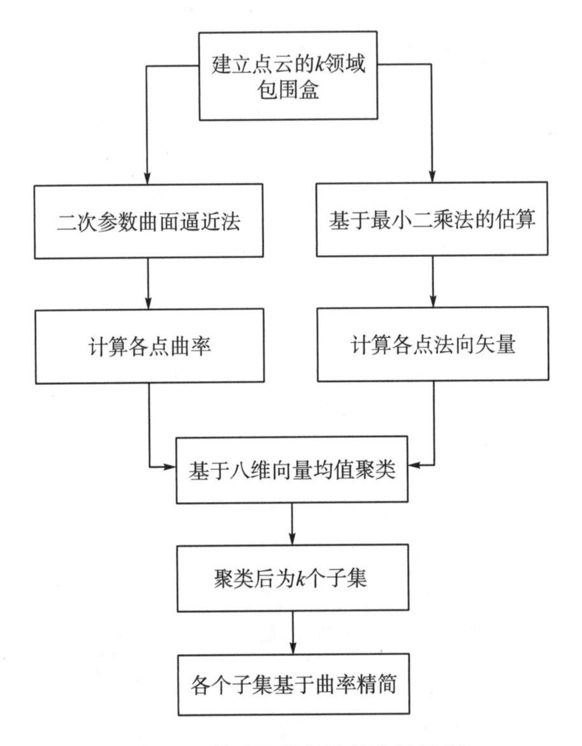

图 5-5 基于聚类的精简方法流程

该方法是根据点间的几何相似性设置不同的简化率，对于平坦区域设置的简化率，可以大量简化；在高曲率区域则集中更多的点，降低简化带来的形状损失，对于具有重大工程意义但曲面形状较平坦的区域，或者在设计者所需的关键形状特征处则尽量保留点，避免工程或设计特征的损失。

5.3 LiDAR 数据工况检测分析

5.3.1 分析流程

工况检测分析流程如图 5-6 所示。具体如下：

(1) 从已分类完成的 LAS（测量与遥感协会下属的 LiDAR 委员会制定的标准 LiDAR 数据格式）文件中获取所有电力线点的通用横墨卡托格网系统（universal

transverse Mercator grid system，UTM）信息；

（2）从已分类完成的LAS文件中获取所有地面、植被、建筑物等点的UTM信息；

（3）分别以每个电力线点的UTM为球心，r为半径框出球范围（r可设定）；

（4）判断地面、植被、建筑物等点是否在至少一个球的范围中，在范围中的点将被保存于风险点列表中；

（5）循环风险点列表，并用距离公式计算其与电力线的水平、垂直、净空距离，同一风险点取最短距离，并保存于非重复风险点列表中。

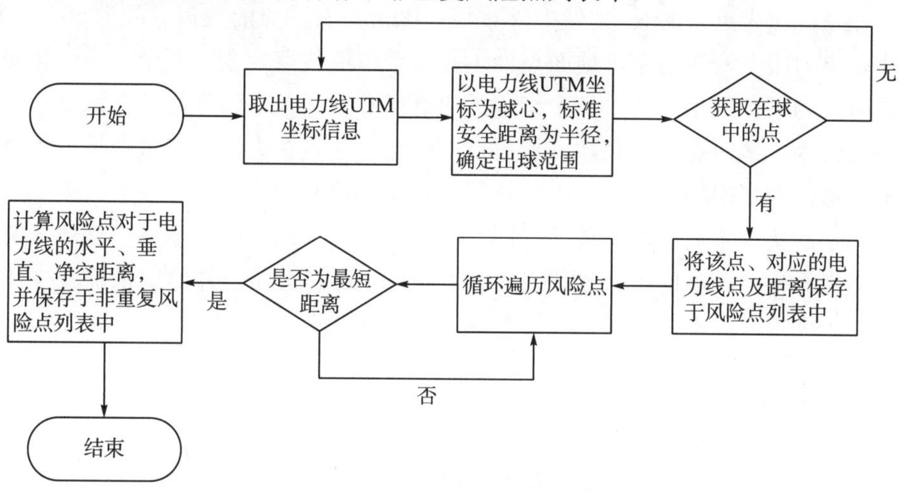

图 5-6 工况检测分析流程

5.3.2 分析方法

LiDAR点云数据的分析方法有球面方程法、水平距离方程法、垂直距离方程法、净空距离方程法等。

（1）球面方程：

$$r=\sqrt{(x-a)^2+(y-b)^2+(z-c)^2} \tag{5-3}$$

式中，r为球的半径；(a,b,c)为球心坐标。判断是否在球内则可使用：

$$\sqrt{(x-a)^2+(y-b)^2+(z-c)^2}\leqslant r \tag{5-4}$$

若成立，则点(x, y, z)在球内，否则，点(x, y, z)在球外。

（2）水平距离方程：

$$d_1=\sqrt{(x_1-x_2)^2+(y_1-y_2)^2} \tag{5-5}$$

式中，(x_1,y_1)为电力线坐标；(x_2,y_2)为风险点坐标。

（3）垂直距离方程：

$$d_2=\sqrt{(z_1-z_2)^2} \tag{5-6}$$

式中，z_1为电力线高程坐标；z_2为风险点高程坐标。

(4)净空距离方程：

$$d=\sqrt{d_1^2+d_2^2} \tag{5-7}$$

式中，d为水平距离。

5.3.3 难点

在三维激光点云的las文件中，档距在500m左右的点的数量一般为500万个，其中，电力线点为2万个，地面点为140万个，植被点为350万个。在计算安全距离时，为了得到精确值，每个待分析的点都必须代入距离方程进行计算，计算次数大约为：地面点280亿次、植被点700亿次。这么大的计算量会导致计算资源的大量浪费，因为大约有90%的计算次数都是没有意义的。

为了解决该难点，本书采用对所有电力线的点生成对应的球体，该球体的半径稍微大于安全距离即可，这样可以将不在球中的待分析点排除，从而减少计算次数，大大提高分析效率。

5.3.4 结论

本书使用该安全距离分析方法对500kV某条输电线进行了安全距离分析，并将结果与测距工具进行对比，最终结果一致，计算结果如图5-7所示。

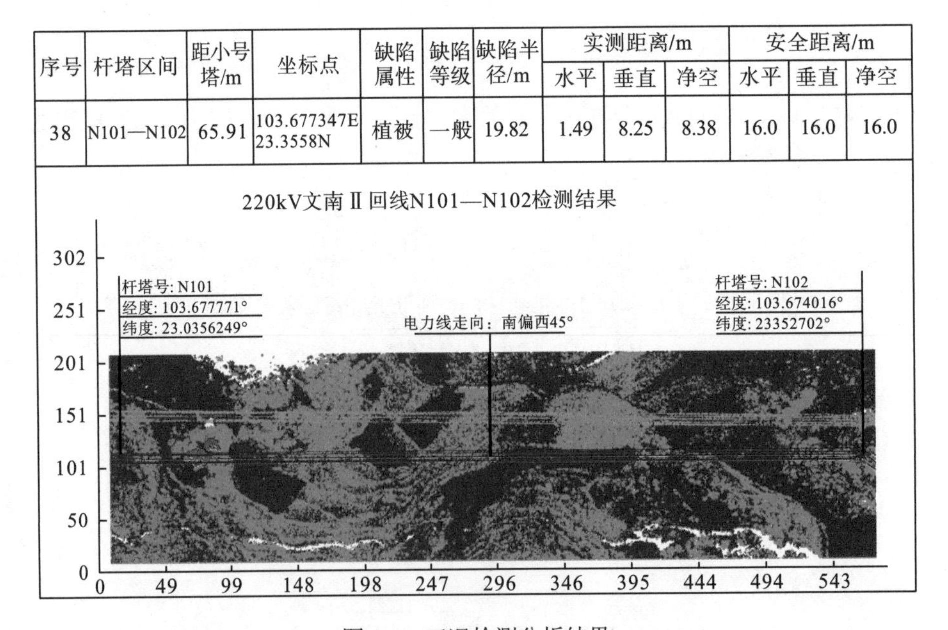

序号	杆塔区间	距小号塔/m	坐标点	缺陷属性	缺陷等级	缺陷半径/m	实测距离/m			安全距离/m		
							水平	垂直	净空	水平	垂直	净空
38	N101—N102	65.91	103.677347E 23.3558N	植被	一般	19.82	1.49	8.25	8.38	16.0	16.0	16.0

图5-7 工况检测分析结果

利用测距工具实测净空距离，其中净空距离都为 9.37m，如图 5-8 所示。

图 5-8　工况检测分析结果

5.4　LiDAR 数据工况预测分析

5.4.1　LiDAR 数据的分组与拟合

在已分类的点云数据中(以一档为单位)存在杆塔、绝缘子、跳线、导线、地线等目标类型的点，分别具有以下特征：

(1)杆塔的特征，分耐张杆塔与非耐张杆塔，一档中存在两基；

(2)跳线的特征，出现在耐张杆塔上；

(3)导线的特征，两端与绝缘子串相连，一般为四分裂，位于地线下方，在相邻两基杆塔之间存在多条导线；

(4)地线的特征，两端无绝缘子，位于导线上方，在相邻两基杆塔之间一般为两条地线。

基于以上特征，为了对导地线进行拟合，需要在已分类的点云数据中分别对导线和地线的点进行分组，将属于同一条导地线的点归到同一组。为了确定杆塔位置，对杆塔点进行分组。整体流程如图 5-9 所示。

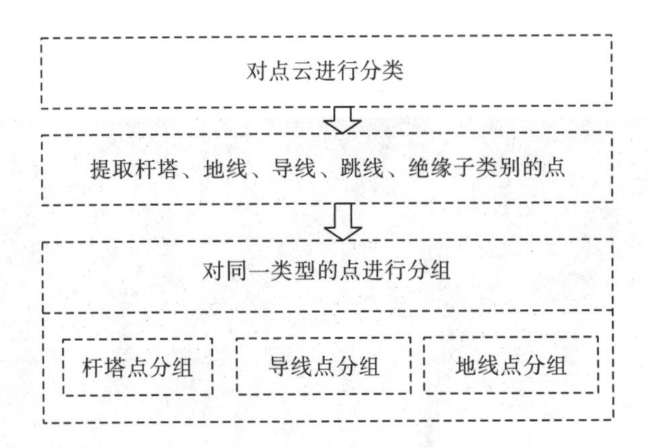

图 5-9 点云分组流程

5.4.2 杆塔点的分组

将杆塔类型的点投影到 XOY 平面，通过简单的线性拟合可将杆塔点分为两组，如图 5-10 所示。

图 5-10 杆塔点云分组流程

对同一组的杆塔点求最小外接矩形，将矩形对角线交点坐标 $P(x,y)$ 视为杆塔在 XOY 平面内的中心点坐标，分别记为 $P_0(x,y)$、$P_1(x,y)$，对应的杆塔记为 P_0、P_1。

5.4.3 跳线分组

将跳线类型的点投影到 XOY 平面，分别求其到 $P_0(x,y)$、$P_1(x,y)$ 的欧氏距离，并记为 D_0、D_1。

记 P_0 杆塔上的跳线为 J_0、P_1 杆塔上的跳线为 J_1，如果 $D_0 < D_1$ 则该点属于 J_0，否则，该点属于 J_1。

5.4.4 地线和导线分组与拟合

1) 地线和导线的拟合

目前，采集的激光点云数据中导地线类型的点出现分布不均匀、中间断裂的情形，如图 5-11 所示。

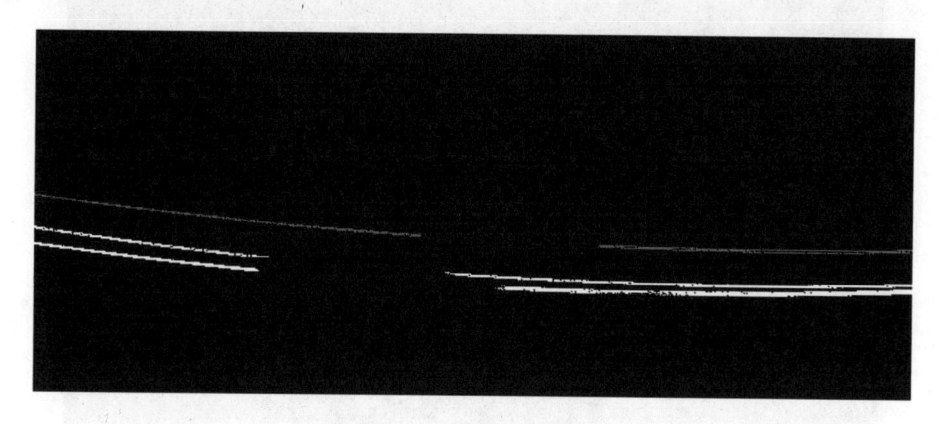

图 5-11 电力线点云缺失

如果直接采用将邻近的点分为一组的方法容易出现拟合形状不准、拟合的导地线条数与实际情况不符合的情况。因此，使用以下流程：

(1) 去除与杆塔类型的距离小于 5m 的点，避免相邻档的点对拟合造成干扰；

(2) 对每一个地线类型的点以该点坐标为中心递归搜索半径 R=2m 内所有地线类型的点标记为同一组 g_i，记结果为 $G=\{g_i|i\in N\}$；

(3) 对第 (2) 步的结果进行过滤、合并。

上一个步骤的结果中可能存在本属于同一条导地线的点因为中间点缺失而分到了不同的组，所以也可能存在点太少的组。

令 $S\subseteq G,\exists p\exists q\in s_i$，$D(p,q)\geqslant 10\to s_i\in S$ 即滤去长度小于 10m 的组。其中，G 为步骤 (2) 中所有 g_i 的结果集合；S 为自定义的一个结果集合。

令 M=$S\times S$，$(m,n)\in M$，即对剩余的组求笛卡儿乘积，用集合 m 和 n 中的点进行多项式拟合，再求平均方差，如果平均方差过大，则说明 m、n 中的点属于不同的导地线，否则，视 m、n 为同一组导地线，进行递归合并，最终可得到各条导地线的曲线方程。拟合效果如图 5-12 所示。

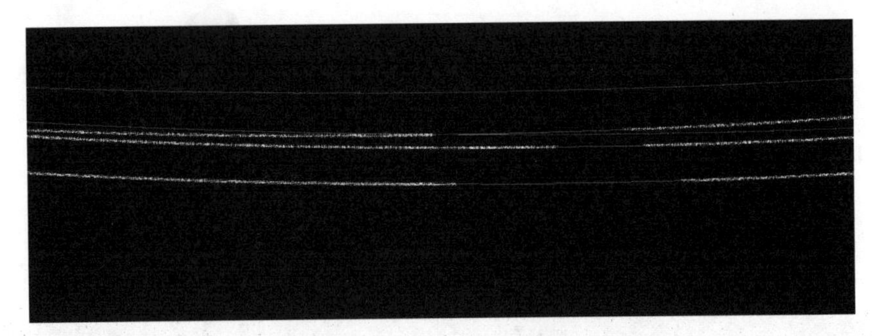

图 5-12 电力线拟合效果

2) 挂点位置的提取

地线通过金具与杆塔连接，可视为一个整体，因此只需要根据上一个步骤(即地线和导线的拟合)得到的地线的曲线方程与杆塔点，就可得到地线的悬挂点，如图 5-13 所示。

图 5-13 电力线挂点提取

导线两端有绝缘子，首先得到与绝缘子的交接点，然后得到绝缘子与杆塔的交接点，如图 5-14 所示。

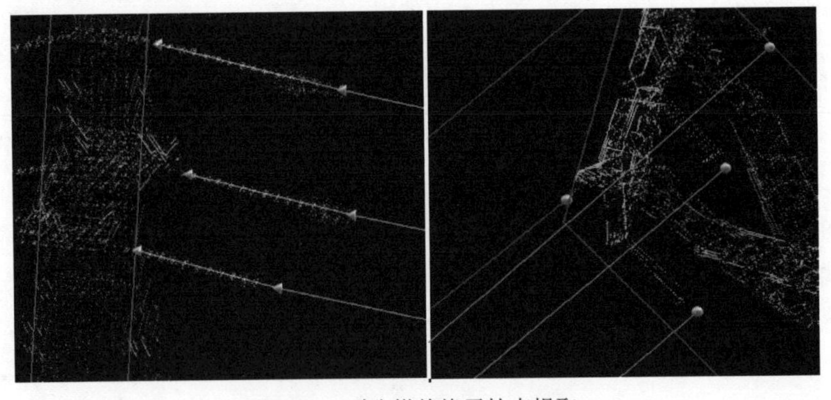

图 5-14 耐张塔绝缘子挂点提取

5.4.5 最大弧垂计算

5.4.5.1 导线弧垂计算

在同一条导线相邻两基杆塔上导线悬挂点之间的连线与导线最低点之间的垂直距离，称为该档导线的弧垂，用 f 表示。导线上任意一点与悬挂点连线的垂直距离称为任意点的弧垂。

$$f=\frac{\delta_c}{\gamma_c}\left(ch\frac{\gamma_c}{2\delta_c}-1\right)=\frac{\gamma_c l^2}{8\delta_c}+\frac{\gamma^3{}_c l^4}{38\delta^3{}_c}=Kl^2+\frac{4}{3l^2}(Kl^2)^3$$

$$K=\frac{\gamma_c}{8\delta_c} \tag{5-8}$$

式中，f 为最大弧垂；γ_c 为导线最大弧垂时比载；δ_c 为导线最大弧垂时的应力；ch 为代表档距；l 为档距。

5.4.5.2 最大弧垂的判别

为了计算导地线对地或者对其他跨越物的间距，往往需要知道导线可能发生的最大垂直弧垂，架空输电线路中的最大弧垂是指导地线在无风气象条件下垂直平面内弧垂的最大值。最大弧垂可能发生在最高气温或者最大载荷时(如覆冰)，由式(5-8)可看出，最大弧垂 f 与 K 正相关，因此可通过 $\frac{\gamma}{\delta}$ 来判别最大弧垂。

1) 方法一：K 值计算

可从线路设计图纸中获得导线不同环境因素下弧垂信息，以云南电网有限责任公司某条线为例，如图 5-15 所示。

导线特性表

耐张段	代表	最大风速		最高气温		外过无风		正常覆冰		年平均气温/℃	最低气温/℃	雷电过电压/kV	操作过电压/kV	安装情况
起止杆塔号	档距	应力	弧垂	应力	弧垂	应力	弧垂	应力	弧垂	应力				
龙门架-N1	66		见孤立	档安装袋										
N1-N6	612	8.128	25.28	6.017	26.03	6.311	24.82	10.59	25.45	6.311	6.649	6.356	6.535	6.554
N6-N8	568	8.136	21.75	5.997	22.50	6.335	21.30	10.59	21.92	6.335	6.729	6.379	6.556	6.609
N8-N17	546	8.140	20.09	5.986	20.83	6.348	19.64	10.59	20.25	6.348	6.776	6.393	6.568	6.641
N17-N27	745	8.111	37.53	6.058	38.32	6.263	37.07	10.59	37.71	6.263	6.488	6.309	6.492	6.442
N27-N47	607	8.129	24.86	6.015	25.62	6.314	24.40	10.59	25.03	6.314	6.657	6.359	6.537	6.560
N47-N50	566	8.136	21.60	5.996	22.34	6.336	21.14	10.59	21.77	6.336	6.733	6.380	6.557	6.612
N50-N52	341	4.925	12.95	3.580	13.58	3.788	12.84	10.59	13.79	3.834	4.034	3.816	3.974	3.959
N52-N56	387	4.857	16.91	3.568	17.55	3.727	16.80	10.59	17.77	3.762	3.909	3.755	3.901	3.862
N56-N63	467	4.783	25.01	3.555	25.66	3.662	24.90	10.59	25.88	3.685	3.780	3.690	3.825	3.760
N63-N69	338	4.931	12.71	3.581	13.34	3.793	12.59	10.59	13.55	3.840	4.045	3.821	3.980	3.967
N69-N74	453	4.794	23.48	3.556	24.13	3.671	23.38	10.59	24.35	3.696	3.798	3.699	3.835	3.774
N74-N75	613	6.795	29.41	5.192	30.24	5.384	29.16	14.07	31.16	5.425	5.597	5.418	5.597	5.544
N75-N82	536	8.142	19.35	5.980	20.09	6.355	18.90	10.59	19.52	6.355	6.799	6.399	6.574	6.657
N82-N83	814	8.105	44.84	6.073	45.63	6.246	44.37	10.59	45.02	6.246	6.433	6.292	6.477	6.404

说明：代表档距____米(m)　　应力____十光帕(10MPa)　　弧垂____米(m)

图 5-15 某条线的 K 值示例

从图纸中可看出，耐张段 N1～N6 中最大风速时弧垂 f=25.28m，最高气温时弧垂 f=26.03m，正常覆冰时 f=25.45m。由此可知，最大弧垂工况属性为最高气温。

工具定义可知 K=26.03/（612×612）；

由以上图纸中记录的档距是代表档距，代表档距的计算方法如下：

$$l_r^2 = \frac{\sum l_i^3}{\sum l_i} \tag{5-9}$$

式中，l_r 为档距；l_i 为第 i 档的档距。

由代表档距 l_r、K 值可得到代表弧垂 $f_r = Kl_r^2 + \frac{4}{3l^2}(Kl^2)^3 \approx Kl_r^2$，对应的第 i 档的最大弧垂 $f_i = f_r\left(\frac{l_i}{l_r}\right)^2$。已知第 i 档的最大弧垂 f_i 档距 l_i 及两端的悬挂点，可得导地线的曲线方程，具体如图 5-16 所示。

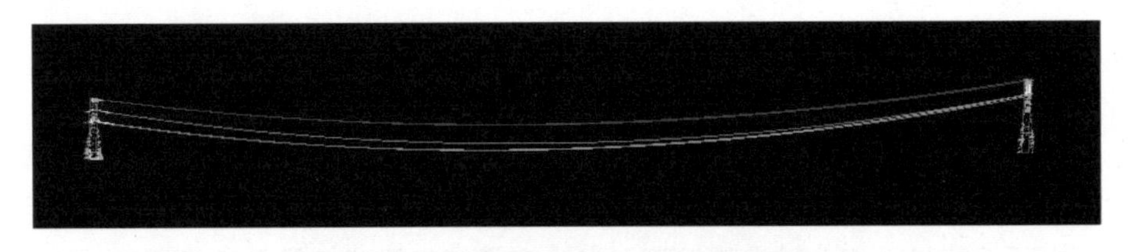

图 5-16　某条线根据 K 值计算弧垂示例

为了提高测距时的准确性，考虑导线的分裂线覆盖的横截面积，沿曲线分为 4 条再测距，如图 5-17 所示。

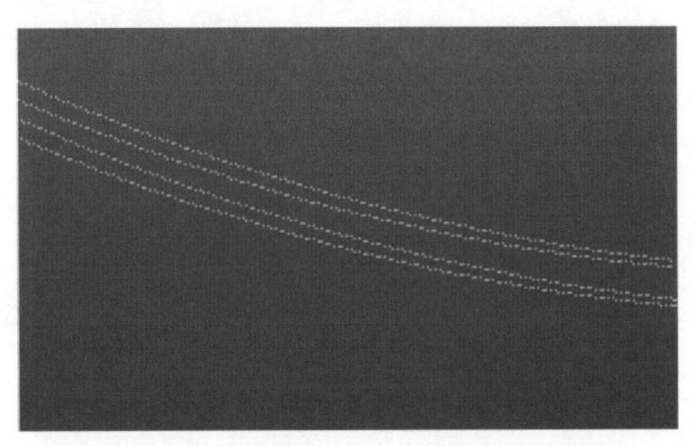

图 5-17　某条线根据 K 值计算弧垂细节示例

2) 方法二：状态方程

已知激光点云数据采集时的气象数据、导地线的相关参数，也可通过状态方程计算在极端气象条件下可能出现的最大弧垂：

$$\delta_{cm}-\frac{E\gamma_m{}^2l_m{}^2}{24\delta_{cm}{}^2}=\delta_{cn}-\frac{E\gamma_n{}^2l_n{}^2}{24\delta_{cn}{}^2}-\alpha E(t_m-t_n) \tag{5-10}$$

式中，δ_{cm}、δ_{cn} 分别为档距中央已知和待求的应力；γ_m、γ_n 分别为已知和待求情况下的导地线综合比载；E 为导地线的综合弹性模量；α 为综合线性膨胀系数；l_m、l_n 分别为已知档距和待求档距；t_m、t_n 分别为已知和状态 n 下的环境温度。

导线本身重量所造成的比载称为自重比载，按下式计算：

$$g_1=9.8\times\frac{m_0}{S}\times10^{-3} \tag{5-11}$$

式中，g_1 为导线的自重比载；m_0 为每公里导线重量；S 为导线截面积。

下面将计算不同工况下导线弧垂的 K 值。

(1) 高温工况。在高温工况下，导地线的综合比载不变，为自重比载，导线在温度变化时热胀冷缩，导致导线长度发生变化，弧垂也发生变化。

$$L_t=L+\Delta L=(1+\alpha\Delta t)L \tag{5-12}$$

这是温度变化引起导线长度变化的关系式。L 为原导线长度；ΔL 为导线长度的变化量；α 为综合线性膨胀系数；Δt 为温度变化量。

导线最低点的最大允许应力为

$$\sigma_{\max}=\frac{T_{\text{cal}}}{2.5S}=\frac{\sigma_{\text{cal}}}{2.5} \tag{5-13}$$

式中，$\sigma_{\max}$ 为导线最低点的最大允许应力；T_{cal} 为导线的计算拉断力；S 为导线的计算面积；σ_{cal} 为导线的计算破坏应力；2.5 为导线最小允许安全系数。

最大弧垂为

$$f_{\max}=\frac{g_1l^2}{8\sigma_0\cos\varphi} \tag{5-14}$$

式中，g_1 为导线的比载；l 为档距；σ_0 为水平导线最低点应力；φ 为高差角。

(2) 无风−5℃，覆冰。在导线覆冰时，由冰重产生的比载称为冰重比载，假设冰层沿导线均匀分布并成为一个空心圆柱体，冰重比载可按下式计算：

$$g_2=27.708\times\frac{b(b+d)}{S}\times10^{-3} \tag{5-15}$$

式中，g_2 为导线的冰重比载；b 为覆冰厚度；d 为导线直径；S 为导线截面积。

在单独覆冰状态下导地线的综合比载计算式为

$$g_3=g_1+g_2 \tag{5-16}$$

式中，g_1 为自重力比载；g_2 为冰重比载。

最大弧垂为

$$f_{\max}=\frac{g_3l^2}{8\sigma_0\cos\varphi} \tag{5-17}$$

其中，g_3为导线的比载；l为档距；σ_0为水平导线最低点应力；φ为高差角。

(3) 导线风偏时的计算方法。导线在无风状态下受垂直向下的重力及两端悬挂点的拉力，导线位于垂直平面内，在受风力影响后，导线脱离此平面，设风的比载为g_{w}，自重比载为g_{s}，则根据力学可知，总比载$g=\sqrt{g_{\mathrm{w}}{}^2+g_{\mathrm{s}}{}^2}$，为了计算方便，对坐标进行变换，设当前的基为

$$\boldsymbol{A}=\begin{bmatrix}1 & 0 & 0\\0 & 1 & 0\\0 & 0 & 1\end{bmatrix}$$

设在风偏变换后基变为$\boldsymbol{B}$。无风状态下导线受垂直XOY平面向下的重力，设重力的方向向量为$\boldsymbol{G}_{\mathrm{S}}=(0,0,-1)$，风吹的方向向量为$\boldsymbol{W}=(a,b,0)$，则综合受力方向为$\boldsymbol{C}=(ag_{\mathrm{w}},bg_{\mathrm{w}},g_{\mathrm{s}})$。

可设

$$k=\left(-\frac{\boldsymbol{C}x}{\|\boldsymbol{C}\|},-\frac{\boldsymbol{C}y}{\|\boldsymbol{C}\|},-\frac{\boldsymbol{C}z}{\|\boldsymbol{C}\|}\right)$$

$$s=k\times(0,0,1)$$

$$i=\frac{1}{\|s\|}s$$

$$m=k\times i$$

$$j=\frac{1}{\|m\|}m$$

则

$$\boldsymbol{B}=\begin{bmatrix}i_x & j_x & k_x\\i_y & j_y & k_y\\i_z & j_z & k_z\end{bmatrix}$$

将自然状态下的坐标$P(x,y,z)=[x,y,z]^{\mathrm{T}}$进行变换后，得到坐标为$P'(x,y,z)=\boldsymbol{B}^{-1}P$。

在新的坐标系下导线受垂直于XOY平面向下的综合力，以及两端悬挂点的拉力，由此可使用相同的公式计算导线的弧垂。

5.4.6 多项式拟合

基于导线弧垂空间形态的数值拟合技术，利用悬链线方程拟合导线弧垂，量测和计算所有地物点到线路的距离，具体包括以下技术步骤。

5.4.6.1 悬链线方程建立

为构建电力线方程的数学模型，下面首先对电力线进行受力分析，如图 5-18 所示。为了分析方便，假定悬挂于 *A*、*B* 两点间的一根电力线的悬挂点高度相等，以导线的最低点 *O* 点为原点建立直角坐标系。

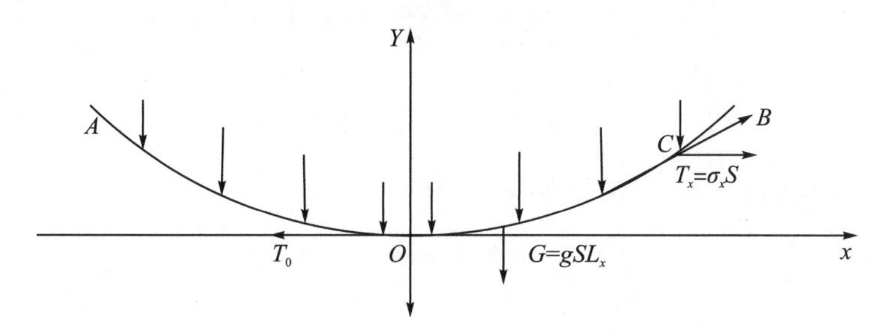

图 5-18 导线受力分析示意图

注：T_0 为导线最低点的张力；*G* 为重力。

同时，假定电力线固定在其所在的平面，并且该平面可随电力线一起摆动，显然这是一个平面力系。在这个坐标中，可按照力学理论的悬链线关系进行导线的局部受力分析，首先在导线上任取一点 *C*，然后分析 *OC* 段导线的受力关系，此 *OC* 段导线受 3 个力而保持平衡，其中 *C* 点承受拉力与导线曲线相切，为 $T_x = \sigma_x S$ ，*O* 点承载拉力为 $T_o = \sigma_o S$ ，与导线 *O* 点相切，导线 *OC* 段自身荷载为 $G = gSL_x$ ，L_π 为 *OC* 段导线的弧长。从整个受力情况分析，*OC* 段受两个拉力，得到一个自身重力保持平衡。根据力学受力平衡关系，可建立导线的受力方程等价式。

垂直方向：

$$gSL_x = T_x \sin\alpha \tag{5-18}$$

水平方向：

$$\sigma_0 S = T_x \cos\alpha \tag{5-19}$$

式中，σ_0 为导线最低点的应力；σ_x 、T_x 为导线任一点的应力和张力；*S*、*g* 为导线截面和比载。

将上式联立，求得导线任一点的斜率：

$$\tan\sigma = \frac{\mathrm{d}y}{\mathrm{d}x} = \frac{g}{\sigma_0} L_x \tag{5-20}$$

因为弧长微分公式为 $\mathrm{d}S^2 = (\mathrm{d}x)^2 + (\mathrm{d}y)^2$ ，所以将该式代入弧长 L_x 中，两边对 *x* 微分得

$$\mathrm{d}(\tan\alpha) = \frac{g}{\sigma_0}\mathrm{d}(L_x) = \frac{g}{\sigma_0}\sqrt{(\mathrm{d}x)^2 + (\mathrm{d}y)^2} = \frac{g}{\sigma_0}\sqrt{1+\tan^2\alpha} \times \mathrm{d}x \tag{5-21}$$

$$\int\frac{\mathrm{d}(\tan\alpha)}{1+\tan^2\alpha}=\frac{g}{\sigma_0}\int\mathrm{d}x \tag{5-22}$$

这是一个隐函数，因此进行分离变量积分，如下式所示：

$$\operatorname{arsh}^{-1}\left(\tan\alpha\right)=\frac{g}{\sigma_0}(x+C_1) \tag{5-23}$$

$$\tan\alpha=\frac{\mathrm{d}y}{\mathrm{d}x}=\operatorname{sh}\frac{g}{\sigma_0}(x+C_1) \tag{5-24}$$

$$\int\mathrm{d}y=\int\operatorname{sh}\frac{g}{\sigma_0}(x+C_1)\mathrm{d}x \tag{5-25}$$

于是，导线任意一点 C 的纵坐标为

$$y=\frac{\sigma_0}{g}\cosh\frac{g}{\sigma_0}\left(x+C_1\right)+C_2 \tag{5-26}$$

$$y=k\cosh\frac{x+C_1}{k}+C_2 \tag{5-27}$$

式中，$k=\dfrac{\sigma_0}{g}$。

式(5-27)是悬链方程的普通形式，其中，C_1 和 C_2 为积分常数，其值可根据坐标原点的位置及初始条件而定，该式是假定悬挂点高度相等推导出来的，但也适合于悬挂点高度不相等的情况。x 表示弧长档距，y 表示导线的弧垂，悬链线方程描述导线弧垂与应力、比载及档距之间的基本关系。由于悬链线方程的普通形式计算较为复杂，参数不易求解，现将其进行展开。

函数 $\cosh\left(\dfrac{x+C_1}{k}\right)$ 的级数表示为

$$\cosh\left(\frac{x+C_1}{k}\right)=1+\frac{\left(\frac{x+C_1}{k}\right)^2}{2}+\frac{\left(\frac{x+C_1}{k}\right)^4}{24}+\cdots+\frac{\left(\frac{x+C_1}{k}\right)^{2k}}{(2k)!} \tag{5-28}$$

取前两项：

$$\cosh\left(\frac{x+C_1}{k}\right)=1+\frac{\left(\frac{x+C_1}{k}\right)^2}{2} \tag{5-29}$$

$$\cosh\left(\frac{X+C_1}{k}\right)=1+\frac{X^2+2XC_1+C_1^2}{2k^2} \tag{5-30}$$

可得到

$$y=\frac{1}{2k}x^2+\frac{C_1}{k}x+\frac{1}{2k}C_1^2+k+C_2 \tag{5-31}$$

设

$$\begin{cases} A = \dfrac{1}{2k} \\ B = \dfrac{C_1}{k} \\ C = \dfrac{1}{2k} {C_1}^2 + k + C_2 \end{cases} \tag{5-32}$$

则方程简化为

$$y = Ax^2 + Bx + C \tag{5-33}$$

由此可知，悬链线方程级数展开式为抛物线方程，即二次多项式。相对于悬链线方程，二次多项式模型计算简单，并且能达到相同的拟合效果。所以，采用二次多项式方程进行导线拟合。基于该多项式模型，利用线性最小二乘原理即可完成电力线参数的求解，从而完成三维空间中电力线矢量化建模：

$$\begin{cases} y = kx + b \\ z = A\left(x^2 + y^2\right) + B\sqrt{x^2 + y^2} + C \end{cases} \tag{5-34}$$

5.4.6.2 线性最小二乘原理拟合电力线

在生产实践和测量工作中，往往需要寻找某一曲线使其反映测量的一系列离散点的分布特征。这一过程即通过给定的数学模型，根据已知的离散数据求解该模型的参数，拟合曲线，使曲线反映数据点的分布。常用的拟合曲线的方法为最小二乘法，最小二乘法拟合曲线能反映离散数据的总体分布，不会出现局部较大波动，而且能反映被逼近函数的特性，使已知函数与求得的被逼近函数的偏差度达到最小。下面具体介绍最小二乘法拟合曲线原理。

曲线拟合过程并不要求所有已知点都在曲线上，而是要求得到的近似函数能反映数据的基本关系。例如，对于给定的一组数据$\left(x_i + y_i\right)$ $\left(i = 0,1,\cdots,m\right)$，用多项式表示如下：

$$y = a_0 + a_1 x + a_2 x^2 + \cdots + a_n x^n \tag{5-35}$$

拟合所给定的数据，其中$m \leqslant n$，偏差的平方和如下：

$$Q = \sum_{i=0}^{m}\left(y - \sum_{k=0}^{n} a_k {x_i}^k\right)^2 = \min \tag{5-36}$$

从上式可以明显看出，$Q = \sum_{i=0}^{m}\left(y - \sum_{k=0}^{n} a_k {x_i}^k\right)^2$是关于$a_0, a_1, \cdots, a_n$的多元函数。

因此，使多项式偏差的平方和最小的问题可以转换为求$Q = Q(a_0, a_1, \cdots, a_n)$的极值问题。根据微积分求极值原理，将式(5-36)对a求导数得

$$\frac{\partial Q}{\partial a_j}=2\sum_{i=0}^{m}\left(y_i-\sum_{k=0}^{n}a_k x_i^{\ k}\right)x_i^j=0 \quad (j=0,1,\cdots,n) \tag{5-37}$$

即得到

$$\sum_{k=0}^{n}\left(\sum_{i=0}^{m}x_i^{\ j+k}\right)a_k=\sum_{i=0}^{m}y_i x_i^j \quad (j=0,1,\cdots,n) \tag{5-38}$$

式(5-38)是关于 $a_0,a_1,\cdots,a_n$ 的线性方程组，可以用矩阵表示为

$$\begin{bmatrix} m+1 & \sum_{i=0}^{m}x_i & \cdots & \sum_{i=0}^{m}x_i^{\ n} \\ \sum_{i=0}^{m}x_i & \sum_{i=0}^{m}x_i^{\ 2} & \cdots & \sum_{i=0}^{m}x_i^{\ n+1} \\ \vdots & \vdots & & \vdots \\ \sum_{i=0}^{m}x_i^{\ n} & \sum_{i=0}^{m}x_i^{\ n+1} & \cdots & \sum_{i=0}^{m}x_i^{\ 2n} \end{bmatrix}\begin{bmatrix} a_1 \\ a_2 \\ \vdots \\ a_n \end{bmatrix}=\begin{bmatrix} \sum_{i=0}^{m}y_i \\ \sum_{i=0}^{m}x_i y_i \\ \vdots \\ \sum_{i=0}^{m}x_i^{\ n} y_i \end{bmatrix} \tag{5-39}$$

可以证明方程组的系数矩阵是一个对称矩阵，故存在唯一解，从式中解出 $a_k(k=0,1,\cdots,n)$。所以，对于大数据量的离散点，可以通过上面的方法进行曲线拟合，最终利用该式求解相关多项式参数。

6 LiDAR 数据检测与分析结果的应用

6.1 点云数据及图像数据的融合技术

6.1.1 点云数据生成 DEM 表面

6.1.1.1 地形表面重建的常用多项式函数

在探讨点云数据生成 DEM 表面的方法之前，先介绍一下实际应用中比较重要且常用的几个 DEM 表面重构的数学函数。用数学表达式描述 DEM 表面如下：

$$z=f(x, y) \tag{6-1}$$

式(6-1)的右边可以用多项式代替，比较常用的表面重建多项式见表 6-1。当利用某一种方法建立 DEM 表面时，一般只采用表 6-1 中多项式的某几项，并不全用，到底选择哪些项由 DEM 生成方法决定。表 6-1 中多项式的每一项都具有自己的特点，通过对特定项的选择，可以生成具有独特特点的表面。

表 6-1 常用的表面重建多项式

独立项	项的次数/次	形成表面的性质	项的数目/个
$z=a_0$	0	平面	1
$+a_1x+a_2y$	1	线性平面	2
$+a_3xy+a_4x^2+a_5y^2$	2	二次抛物面	3

6.1.1.2 DEM 表面生成的方法概述

DEM 表面生成的方法主要有基于点的生成方法、基于三角形的生成方法和基于格网的生成方法。

1) 基于点的生成方法

基于点的生成方法只是用表 6-1 中的零次多项式来生成 DEM 表面，点云数据中的每个数据点都会生成一个水平平面，假如用每个数据点生成的水平平面描述其周围一块小的区域(此区域在地理分析领域称为此点的影响区域)，则所有点生成的所有平面便形成一个不连续的表面，用此来表示 DEM 表面。对于某一个点

的影响区域，DEM 表面的数学表达式为

$$z = z_i(x, y) \in D_i \tag{6-2}$$

式中，D_i 为此点的影响区域，也为此点处的高程。

基于点的生成方法非常简单，确定相邻点之间的边界是其唯一的难点。因为此方法只需要独立的点，所以其从理论上讲适用于任何类型的数据。因此，规则分布的数据可以通过建立一系列规则的平面来生成 DEM 表面，而不规则分布的数据则利用生成的一系列不规则的平面来重建 DEM 表面。这种方法在 DEM 生成时似乎是可行的，但是由于其生成的 DEM 表面是不连续的，所以在实际应用中一般不采用此方法。

2) 基于三角形的生成方法

基于点的生成方法只采用了多项式的一项，如果采用多项式中的几项，便可以得到更复杂的表面。观察多项式的一个零次项和两个一次项构成的前三项，可以发现其决定的表面是一个平面。此多项式含有三个系数，最少需要三个点便可以确定其系数。连接这三个点可以得到一个平面三角形，此三角形便用来表示三点之间的 DEM 表面。如果将所有的数据点按照某种规则都连接成三角形，并用三角形平面表示三点之间的 DEM 表面，那么 DEM 表面便由一系列相互拼合的平面三角形构成，此方法通常称为基于三角形的生成方法。

基于三角形的生成方法同样适用于所有的数据，数据可以来自选择采样、规则采样、剖面采样、混合采样和等高线生成等多种方式。三角形作为图形中最基本的单元，其大小和形状具有较高的灵活性，因此基于三角形的生成方法在处理生成线、断裂线和其他复杂数据时具有很大的优势。基于三角形的生成方法是 DEM 表面重建的最主要方法，在实际生活中得到了越来越多的应用。

3) 基于格网的生成方法

如果采用表 6-1 中的前三项和 a_3xy 项，那么可以得到一个双线性表面，此表面需要至少 4 个点才能确定。从理论上讲，任何四边形都可以作为此表面生成的基础，但是从诸多实际因素考虑，一般选用矩形格网。基于格网的生成方法生成的 DEM 表面是由一系列相互拼合的双线性表面组成的。

基于格网的生成方法不像前两种方法那样对数据格式没有要求，其处理的是规则分布的数据，其他数据必须经过一定的变换，转化成规则分布的数据才能用此方法进行处理。在实际应用中，一般将基于格网的生成方法与基于三角形的生成方法联合，将每个矩形格网分解为几个三角形。

综上所述，基于点的生成方法一般不予采用，基于三角形的生成方法及其与基于格网的混合方法比较常用。本书采用矩形中心法、规则三角形法和 Delaunay 三角网法三种网格化方法来生成 DEM 表面，Delaunay 三角网法便是属于基于三角形的生成方法，而另外两种方法则属于基于格网的生成方法与基于三角形的生成方法的混合方法，它们都是实际应用中比较常见的网格化方法，也是比较重要的网格化方法。

6.1.1.3 生成 DEM 表面的网格化算法

网格化就是把地形表面用三角形或多边形近似，首先根据激光脚点在平面域中的分布位置，把所有的点进行三角形或多边形划分，之后便得到平面域内的三角形网格或多边形网格；然后将激光脚点的高程值赋给其在平面域内所对应的点，这样便可以得到空间三角形网格或多边形网格，每一个三角形或多边形都是一个面，所有的三角形或多边形组成的网格便生成了 DEM 表面，因此地形表面便可近似地被此网格所描述。网格化算法按处理数据的类型一般分为基于规则分布数据的算法和基于不规则分布数据的算法。矩形中心法和规则三角形法是基于规则分布数据的算法，是两种比较简单的算法，虽然简单，但是在实际应用中却是两种不可或缺的算法。基于不规则分布数据的网格化算法有很多，其中，Delaunay 三角网法具有很多的优点，是国内外研究与应用的重点，而且 Delaunay 三角网法已经有了比较完善的理论基础。Delaunay 三角网法既可以处理规则分布的数据，又可以处理不规则分布的数据。

1) 矩形中心法

矩形中心法源于矩形法，是对矩形法的一种改进，首先介绍一下矩形法。矩形法主要用于规则分布点云的网格化。假设有一个规则分布的点云，该规则分布的点云有 M 行、N 列，总共有 $M \times N$ 个激光脚点。

矩形法非常简单易行，它生成 DEM 表面的方式是：先用矩形将激光脚点划分，这样便得到了矩形网格，再给所有的点赋上其所对应的高程值，主要分为 3 个步骤。

(1) 分配。给点云数据中的每个激光脚点分配一个唯一的 ID，同样的每个 ID 也必须唯一地对应一个激光脚点，根据 ID 与激光脚点的对应关系便可以通过某点的 ID 确定其位置。ID 值的分配规则为在第 A 行、第 B 列的点的 ID 值 (A, B)，ID 值从 $(1, 1)$ 到 (M, N)。

(2) 矩形划分。将所有的激光脚点连接成矩形，矩形连接规则很简单，就是只与某点 ID 横坐标相差 1 或只与 ID 纵坐标相差 1 的所有点和此点连线。每个激光脚点至少参与一个矩形的形成，且形成的每个矩形和其他矩形至少共享两条边。

将每个矩形的4个顶点的ID记录下来，且矩形顶点按逆时针方向进行排列。例如，某一矩形左上角的顶点为(*A*, *B*)，则其余3个顶点分别为(*A*+1, *B*)、(*A*+1, *B*+1)和(*A*, *B*+1)。图6-1是经过矩形划分后点云形成的网格，它由一系列整齐排列的矩形组成，这些矩形紧密相连，且它们的4个顶点都由相邻列或相邻行上的激光脚点构成。

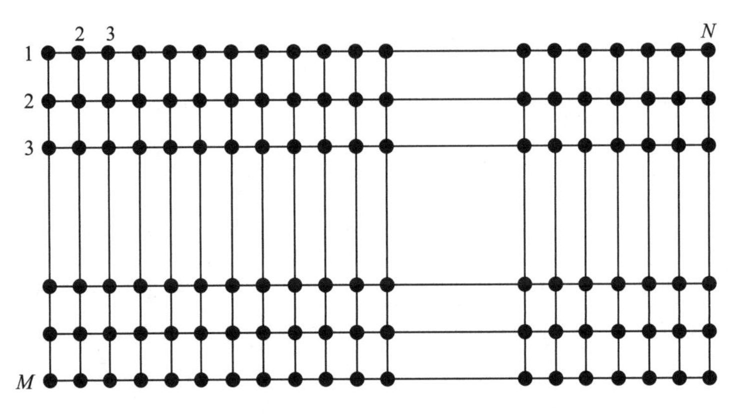

图6-1　矩形划分后点云形式的网格

(3)高程赋值。为第(2)步所生成的矩形网格里的每一个顶点赋上它们所对应的高程值，这样就由一个二维的网格图变成了三维的网格化表面，即本书要求的DEM表面。

矩形法最后生成的是矩形网格，在给每个激光脚点赋上高程值后，每个矩形所确定的面是不确定的(4点一般不能唯一地确定一个面)，为了消除这种不确定性，本书提出了矩形中心法。矩形中心法是在矩形法的基础上，人为地在矩形网格中填入每个矩形的中心，矩形中心的坐标及高程值由矩形4个顶点联合求平均值得到，然后连接中心与4个顶点，这样便使原来的矩形变为了4个三角形，面被唯一地确定下来，如图6-2所示。

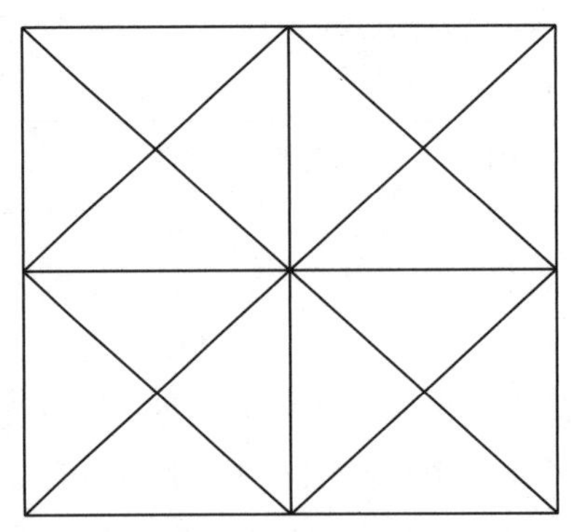

图6-2　矩形中心法

2) 规则三角形法

规则三角形法比矩形法稍微复杂一些，但是也很简单。它生成 DEM 表面的方式是：先用规则三角形将激光脚点进行划分，这样便得到了三角形网格，然后给所有的点赋上其所对应的高程值。

(1) ID 分配。给点云数据中的每个激光脚点分配唯一的 ID，同样地，每个 ID 也必须唯一地对应一个激光脚点，通过 ID 与激光脚点的对应关系便可以通过某点的 ID 确定其位置。ID 值的分配规则为：在第 A 行第 B 列的点的 ID 值 (A, B)，ID 值从 (1,1) 到 (M, N)。

(2) 规则三角形划分。将所有的激光脚点连接成规则三角形，规则三角形的连接规则很简单，就是先找到与某点行距为 1 和列距为 1 的两点，连接此三点便形成了一个规则三角形。每个激光脚点至少参与一个规则三角形的形成，且形成的每个规则三角形和其他规则三角形至少共享两条边。将每个规则三角形的 3 个顶点的 ID 记录下来，且规则三角形顶点按逆时针方向进行排列。例如，某一规则三角形左上角的顶点 ID 为 (A, B)，则其余两个顶点分别为 $(A+1, B)$ 和 $(A, B+1)$。图 6-3 是经过规则三角形划分后点云形成的网格，它由一系列整齐排列的规则三角形组成，这些规则三角形紧密相连，且它们的 3 个顶点都由相邻列或相邻行上的激光脚点构成。我们也可以这样认为，规则三角形法的规则三角形划分是建立在矩形法矩形划分的基础上的，矩形划分后再连接每个矩形的主对角线便形成了两个规则三角形。

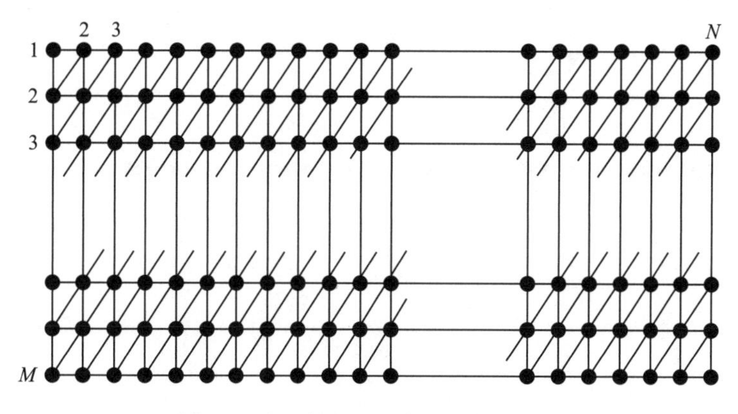

图 6-3 点云的规则三角形网格化结果

(3) 高程赋值。为第 (2) 步所生成的规则三角形网格里的每个顶点赋上它们所对应的高程值，这样就由一个二维的网格图变成了三维的网格化的表面，即本书要求的 DEM 表面。

3) Delaunay 三角网法

前面介绍的两种算法(矩形中心法和规则三角形法)都是主要处理规则分布点云的，但是获得的点云数据不一定是规则分布的。很多点云数据都是不规则分布的，为了利用前面两种算法，需要将不规则点云插值成规则点云，这样必然会带来很多不便。不规则三角网(triangulated irregular network，TIN)法能直接对不规则点云进行处理，当然对规则点云也可以。不规则三角网法虽然有很多方法，但是国内外研究最多、应用最广的是 Delaunay 三角网法。

Delaunay 三角网法是由苏联数学家 Delaunay 于 1934 年首先提出来并证明的。Delaunay 三角网由一系列相互连接的三角形组成，这些三角形互不重叠，且每个三角形的三个顶点所确定的外接圆不包含任何一个其他三角形的顶点。

Delaunay 三角网的构造过程中必须要满足以下两个基本准则。

(1)空外接圆准则。假如 Delaunay 三角网是由点集 V 生成的，那么 Delaunay 三角网中的任意三角形的外接圆内不能包含任何点集 V 中的其他点。如图 6-4(a)所示，$\triangle ABE$ 满足空外接圆准则，而$\triangle BCE$ 不满足空外接圆准则，因为在$\triangle BCE$ 的外接圆内有点 D。

(2)最小角最大化准则。处于 Delaunay 三角网内的三角形的最小角相比于其他由点集 V 形成的三角网中的三角形是最大的。如图 6-4(b)所示，$ABCD$ 四点组成的 Delaunay 三角网是$\triangle ABD$ 和$\triangle BCD$，不是$\triangle ABC$ 和$\triangle ACD$，因为$\triangle ABC$ 和$\triangle ACD$ 的最小内角要小于$\triangle ABD$ 和$\triangle BCD$ 的最小内角。

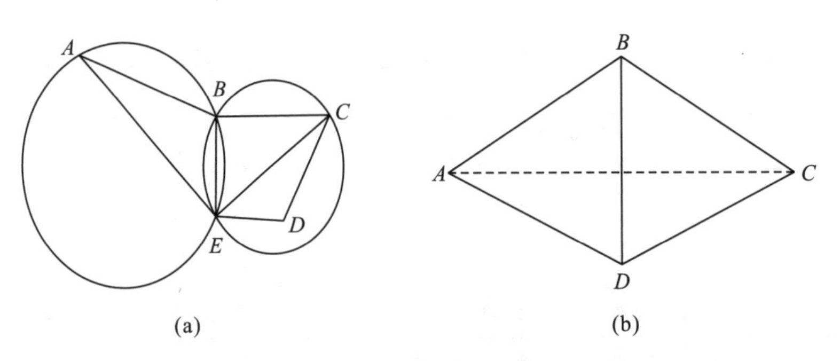

图 6-4　两个基本准则

Delaunay 三角网所必须遵循的空外接圆准则和最小角最大化准则，确保了过于狭长的三角形不会出现在 Delaunay 三角网中，这使得构建的三角网更加合理、更加准确。同时，Delaunay 三角网还具有唯一性和最优性。处于欧几里得平面内的小于 4 点共圆的点集所形成的 Delaunay 三角网是唯一的，Delaunay 三角网作为一种“好的”三角网，在一般情况下具有最优性。因此，Delaunay 三角网具有特别大的应用价值。这使得现在绝大部分不规则三角形法均采用Delaunay三角网法，本书也是采用 Delaunay 三角网法。

Delaunay 三角网法有多种实现算法，但是按照其构建过程的不同，Delaunay 三角网法主要可以分为三大类：三角网生长法、分治法和逐点插入法。

(1)三角网生长法的主要思想是：先在点集中找出距离最短的两个点，连接这两点得到一条 Delaunay 边，然后根据 Delaunay 三角网的两大法则找出此边对应的一点，连接此点与 Delaunay 边的端点，形成一个 Delaunay 三角形，然后依次处理新生成的两个 Delaunay 边，直至所有的点都被包含进 Delaunay 三角网。

(2)分治法的主要思想是：先把整个点集进行划分，形成两个相互独立的子集，再分别将子集划分成新的子集，重复划分直至所有子集中包含的点不大于 4 个，连接这些点形成三角形，最后自下而上地将所有子集进行合并，便可以得到最终的 Delaunay 三角网。

(3)逐点插入法的主要思想是：先找出包含点集中所有数据点的一个三角形或多边形，然后以此三角形或多边形为基础构建初始三角网，再将点集中剩余的点逐一插入到三角网中，最后通过优化与完善，使这个三角网更为合理。

三角网生长法思想比较简单，且容易实现，但是如果对象点集规模比较大，那么其必然会耗费大量的时间去寻找第三点，时间复杂度最高。逐点插入法的思想和实现过程简单易行，而且只需要较小的内存，但是每次插入新点时都需要优化处理，时间复杂度比三角网生长法优，但是相对也比较高。分治法在时间复杂度上明显优于前两种算法，但是分治法在实现过程中涉及很多的递归运算，这就导致必须使用比较大的内存空间才能实现此算法，这极大制约了其应用于大规模数据集。

由于三种算法各有利弊，本书将采用一种合成的 Delaunay 三角网法，此算法把三角网生长法植入到分治法中，两种算法相互取长补短，可以达到很好的性能。其主要思想：先将点集分割成几个数量小于某定值的子集，然后分别利用三角网生长法处理各子集生成 Delaunay 三角网，最后将子集中的 Delaunay 三角网合并。其基本步骤如下。

(1)将点集 V 按照点的横坐标和纵坐标进行升序排列。

(2)根据点集 V 的大小将点集 V 分成 n 个近似相等的子集 $V_1,V_2,\cdots,V_n$。

(3)对于任意子集 V_i，利用三角网生长法构造三角网：

①在点集 V_i 中任意选择一点 A_1 作为起始点；

②在点集 V_i 中找出距离 A_1 最近的一点 A_2；

③连接 A_1A_2 形成了一条基线，根据 Delaunay 三角网的两个基本准则选择出第三个点 A_3；

④连接 A_1A_3 与 A_2A_3，形成两条新的基线；

⑤重复③和④，直至所有点都被加入三角网中；

(4) 合并所有子集 $V_1,V_2,\cdots,V_n$ 所生成的三角网，形成需要的三角网。

6.1.2 可见光影像和 DEM 的标准分幅与无缝拼接

DEM 是地形表面形态等各种信息的数字表示，DEM 由规则格网点构成，且具有密度高的特点。数字正射影像图(DOM)是根据影像分辨率的不同，由无数个像元构成的影像。绝大多数测绘生产单位，出于生产任务安排的方便，都是以图幅为单位分配每个作业员的生产任务，这样每幅图的 DEM 和 DOM 产品，在提交成果之前都要与周边的 8 幅图进行接边。现在普遍使用的接边方法是每幅图接各自的西北边，这种接边方法存在明显的不足，接完边后 DEM 和 DOM 图幅的对角处往往还存在漏洞、接边误差及影像倒向的不一致问题；尤其是城区大比例尺 DOM 的接边，采取常规接边方法产生的问题更严重。

本书介绍一种全区域内 DEM 和 DOM 图幅数据进行无缝接边的方法，其具体操作方法介绍如下(以 DEM 为例)。

1) 区域划分

首先，将一个测区内标准分幅的 DEM 成果按一定区域分成若干块，如图 6-5 左图所示，这一测区分成了 A、B、C、D、E、F 六块大图，把每一块当成是一幅图来操作，找出每一块即每幅大图的四角坐标。需要特别注意的是，每幅大图不能从每排标准图幅的接边处分幅，而应该从每排小图的中间分幅取坐标。如图 6-5 右图所示，若从小图的图幅接边处分幅，则本来的小图是没有接边的。若按图 6-5 右图的分幅方法，分成大图 A、B、C、D。拼接完后，它们所对应的 14 和 15 图幅、31 和 41 图幅等仍然需要再接边；而从每排图幅的中间分幅，如图 6-5 左图所示，如 41 这一行，进行大图的分幅后 41 图幅被分在了 A 和 C 两幅图内，由于 41 本来是一幅整图，被分成两幅图，当它再合并镶嵌为一幅图时三维坐标及影像仍完全一样，不会产生接边差和影像倒向的不同。

2) 图幅镶嵌

在“DEM 和 DOM 拼接”模块下建立新图幅，图幅名可为每幅大图的图名，即六幅图分别为 A、B、C、D、E、F，然后将每幅大图内所含的所有标准图幅的 DEM 图幅数据逐个镶嵌到大图内。如图 6-5 左图所示，建立 A 图幅，输入 A 图幅的四角坐标。之后进行图幅镶嵌，此时 A 图幅需要镶嵌的标准图幅有 11、12、13、14、15、21、22、23、24、25、31、32、33、34、35、41、42、43、44、45，镶嵌完毕后保存退出即可。此时，A 图幅内的所有标准图幅的 DEM 已如进行像对拼接一样，拼成了一幅整图；这一区域内的图幅自然也就完成了接边；以此类推再继续进行 B、C、D、E、F 内的图幅镶嵌。

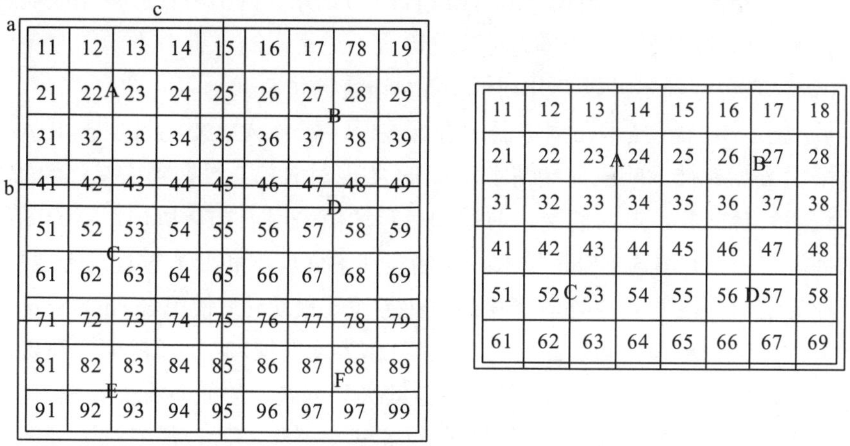

11	12	13	14	15	16	17	78	19
21	22	23	24	25	26	27	28	29
31	32	33	34	35	36	37	38	39
41	42	43	44	45	46	47	48	49
51	52	53	54	55	56	57	58	59
61	62	63	64	65	66	67	68	69
71	72	73	74	75	76	77	78	79
81	82	83	84	85	86	87	88	89
91	92	93	94	95	96	97	97	99

11	12	13	14	15	16	17	18
21	22	23	24	25	26	27	28
31	32	33	34	35	36	37	38
41	42	43	44	45	46	47	48
51	52	53	54	55	56	57	58
61	62	63	64	65	66	67	69

图 6-5　图幅划分与镶嵌

3）标准图幅裁切

在这一测区的大图都拼完之后，即可裁切成标准图幅的 DEM，具体操作方法如下：如果建立 11 图幅，之后进行 DEM 镶嵌，镶嵌方法和每幅图的像对镶嵌一样，只是此时不是镶嵌像对，而是镶嵌各自对应的大图的 DEM 数据；例如，11 图幅，点击“DEM 镶嵌”只需镶嵌入 A 图幅的 DEM 数据即可。又如，15 图幅，则需依次镶嵌 A、B 两幅大图的 DEM 数据；而对于 45 图幅，则需镶嵌入 A、B、C、D 四幅大图的 DEM 数据。这样依次镶嵌完各个标准图幅后，这一测区内的 DEM 接边也就完成了。由于每个标准图幅的 DEM 数据是从大图 A、B、C、D、E、F 整图内部裁切、挖出的一部分数据，所以不存在任何误差，从而完全消除了接边差及影像倒向不一致的现象。

DOM 的接边方法和 DEM 相似，而且可以运用 DEM 已划分好的大图区域，这里不再介绍了。

6.2　点云数据检测与分析平台的构建

采用平台化思路，基于基础支撑平台，采用基于面向服务的架构（service-oriented architecture，SOA）的多层架构，在前端展现上采用 B/S 模式的瘦客户端，通过 Java 服务器页面(Java server pages，JSP)+异步 Javascript 和 XML(asynchronous Javascript and XML，AJAX)技术实现富互联网应用(rich internet application，RIA)；万维网层通过 servlet(服务器端组件)响应前端的超文本传送协议(hyper text transfer protocol，HTTP)请求，调用后台服务完成业务逻辑操作；服务组件层采用混合模式对开发语言不进行限制，针对不同的服务可采用 JAVA 语言来进行开发，以充分利用 JAVA 语言的优势。

展现层采用 jsp 技术在浏览器中进行展现，配合 AJAX 组件实现 RIA；万维网层采用 servlet 技术响应前端请求，servlet 实现对 HTTP 数据到 JAVA 类的转换，然后调用后台服务，返回前端，前端和后台通信采用 HTTP 协议，对于图形、图表的展现采用 HTML5+CSS3 技术。前端实现了展现层和业务过程与合成层。

业务逻辑层根据业务类型将复杂的业务逻辑模块化，使用 Spring(Spring 是一个轻量级控制反转和面向切面的容器框架)作为反射依赖工具，保证实现接口的可扩展性；使用 Activiti(Activiti 是一种轻量级、可嵌入的业务流程管理引擎)作为工作流服务引擎；使用 Quatz(开源项目)完成集群化的后台任务跳读管理。本项目建设主要使用基于多时相走廊数据的变化检测与趋势分析技术、LAS 识别技术、风偏、覆冰、热增容模拟技术等数据分析技术开展数据分析。

数据持久层：使用 Hibernate(开放源代码的对象关系映射框架)框架作为数据持久化框架，保证系统性能及 SQL(structured query language，结构化查询语言)安全性，使用 Shiro(Shiro 是一个 JAVA 安全框架)安全框架，保证系统、接口的安全性。

基础层：可运行在 Windows 与 Linux 操作系统上，同时支持主流数据库 MySQL 及 Oracle，中间件支持 Tomcat(一个免费的开放源代码的 Web 应用服务器)及 Weblogic(Oracle 公司出品的一个基于 JAVA EE 架构的中间件)。

因为点云数据数据量庞大，需要庞大的存储空间，而普通的个人计算机无法满足海量点云数据存储的需求，而分散在多个个人计算机上进行存储又不方便进行数据的管理工作。针对这些问题，本书采用私有云存储的方式进行管理。具体存储架构如图 6-6 所示。

点云数据平台使用关系型数据库、NOSQL(非关系型)数据库及分布式存储三者组成的混合存储架构，实现输电业务数据的混合存储，以克服传统数据存储管理方式的不足。

分布式存储不仅提供了海量数据存储的能力，还以数据块冗余副本的方式提高了数据访问效率。此外，分布式存储也作为 NOSQL 数据库的存储载体，为 NOSQL 数据库的容量和效率提供了保障。

最后通过访问控制把所有的服务器、数据库进行整合管理，保证用户能够方便、快速地读取目标数据。

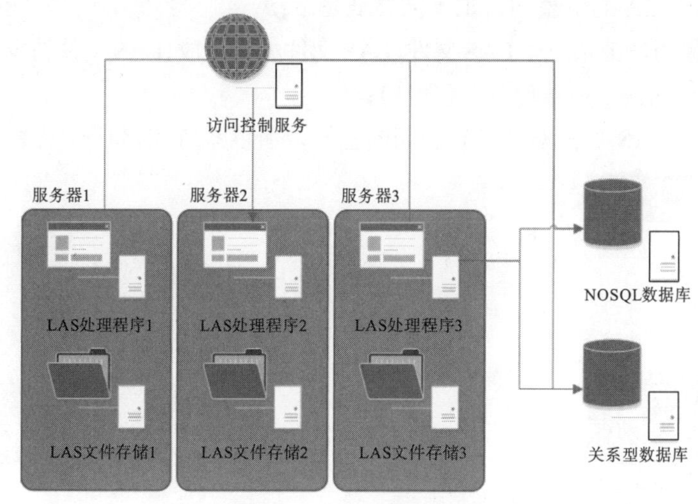

图 6-6 分布式存储架构

6.2.1 分布式框架研究

当设计一个系统架构时，有一些东西是要考虑的：正确的部分是什么、怎样让这些部分很好地融合在一起，以及好的折中方法是什么。通常在系统架构需要之前就为它的可扩展性进行投资不是一个聪明的商业抉择；然而，在设计上的深谋远虑能在未来节省大量的时间和资源。

这部分关注点是几乎所有大型 Web 应用程序中心的一些核心因素：服务、冗余、划分和错误处理。每一个因素都包含选择和妥协，特别是前文提到的设计原则。为了详细解析这些问题，以下用一个例子来说明。

当在线上传输一个 LAS 文件时，对于托管并负责分发大量点云数据的系统，要搭建一个既节省成本又高效，还能具备较低的延迟性的系统架构确实是一种挑战。

我们来假设一个系统，用户可以上传他们的 LAS 文件到中心服务器，这些 LAS 文件又能够让一些 Web 链接或者 API 获取这些 LAS 文件，如图 6-7 所示。为了简化的需要，假设应用程序分为两个主要的部分：一个是上传 LAS 到服务器的能力；另一个是查询一个 LAS 文件的能力。然而，我们当然想上传功能更高效，但是我们更关心的是能够快速分发的能力，也就是说当某个人请求一个 LAS 文件的时候能够快速得到满足。这种分发的能力很像 Web 服务器或者 CDN(content delivery network，内容分发网络)连接服务器的作用。

系统其他重要方面包括：

(1)对 LAS 文件存储的数量没有限制，所以存储可扩展，在 LAS 文件数量方面需要考虑；

(2) LAS 文件的下载和请求不需要低延迟；

(3) 如果用户上传一个LAS文件，LAS文件如何存放(LAS文件数据的可靠性)；

(4) 系统应该容易管理(可管理性)；

(5) 由于 LAS 主机不会有高利润的空间，所以系统需要具有成本效益。

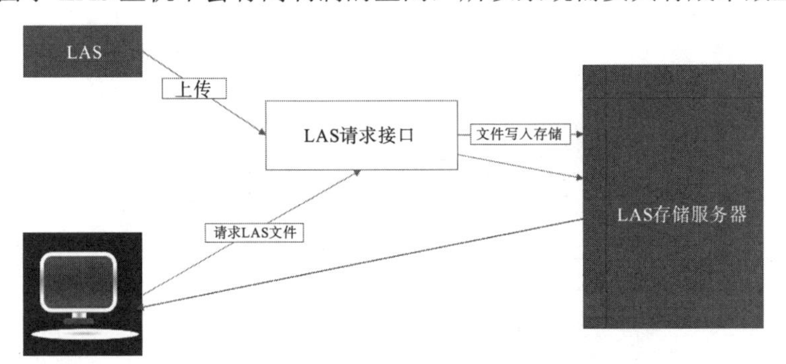

图 6-7 LAS 主机应用的简化架构图

6.2.2 数据访问服务

当要设计一个可扩展的系统时，为实现功能解耦合，考虑定义一个清晰的接口是很有必要的。在实际中，这种方式下的系统设计被称为面向服务架构。对于这种类型的系统，每个服务有自己独立的抽象接口，以及使用抽象接口与上下文的外部的任何东西进行交互，是典型的公共 API 服务。

把一个系统解构为一些列互补的服务，能够为这些部分从别的部分的操作进行解耦。这样的抽象能够在服务、基础环境和服务的消费者之间建立清晰的关系。建立这种清晰的关系能够帮助隔离一些问题。这类面向服务设计的系统是非常类似面向对象设计编程的。

在本书的例子中，上传和检索 LAS 文件的请求都是由同一个服务器处理的；然而，因为系统需要具有伸缩性，所以有理由将这两个功能分解为各自的服务进行处理。

快速转发(fast-forward)假定服务处于大量使用中，在这种情况下就很容易看到，读取 LAS 文件耗费的时间中有多少是由于受到了写入操作的影响，而写入操作的最大影响因素是系统采用的结构。即使上传和下载的速度完全相同，文件读取操作一般都是从高速缓存中进行的，而写操作却不得不进行最终的磁盘操作。即使所有内容都已在内存中，或者从磁盘中进行读取，数据库写入操作往往都要慢于读取操作。

这种设计另一个潜在的问题出在 Web 服务器上，像 Apache 或者 Lighttpd 通常都有一个能够维持的并发连接数上限和最高流量数，它们会很快被写操作消耗掉。因为读操作可以异步进行，或者采用其他一些像 gizp 压缩的性能优化或者块传输编码方式，所以 Web 服务器可以通过在多个请求服务之间切换来满足比最大连接数更多的请求。写操作则不同，它需要在上传过程中保持连接，所以在大多数家庭网络环境下，上传一个 1MB 的文件可能需要超过 1s，Web 服务器只能处理 500 个这样的并发写操作请求。

对于这种瓶颈，一个好的规划案例是将读取 LAS 和写入 LAS 分离为两个独立的服务，如图 6-8 所示。这样可以单独地扩展其中任意一个(因为有可能读操作比写操作要频繁很多)，同时有助于理清每个节点在做什么。最后，这也避免了未来的忧虑，使得故障诊断和查找问题更简单，像慢读问题。

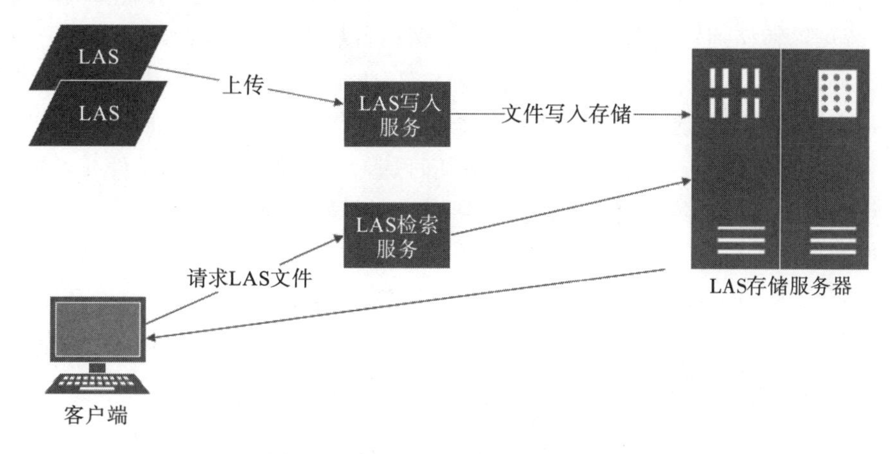

图 6-8 读取和写入分开的数据服务

这种方法的优点是能够单独解决各个模块的问题，不用担心写入和检索新 LAS 在同一个上下文环境中。这两种服务仍然使用资料库的 LAS，但是它们可通过适当的服务接口自由优化它们自己的性能。从维护和成本角度来看，每个服务按需进行独立规模的规划，这点非常有用，试想如果它们都组合混杂在一起，其中一个无意间影响到了性能，另外的也会受到影响。

当然，上面的例子在使用两个不同端点时可以很好地进行工作。虽然有很多方式来解决这样的瓶颈，但每个方式都有各自的取舍。

例如，Flickr 通过分配用户访问不同的分片解决这类读/写问题，每个分片只可以处理一定数量的用户，随着用户的增加，更多的分片被添加到集群上。然而，Flickr 规划是根据用户基数来确定的。通常一个故障或者问题会导致整个系统功能的下降，然而 Flickr 一个分片的故障只会影响相关的那部分用户。在第一个例子中，更容易操作整个数据集。例如，在所有的 LAS 元数据上更新写入服务用来包含新的元数据或者检索，然而在 Flickr 架构上每个分片都需要执行更新或者检索。

6.2.3 数据冗余设计

为了优雅地处理故障，Web 架构必须冗余它的服务和数据。例如，如果单服务器只拥有单文件，文件丢失就意味该文件永远丢失了。丢失数据是一个很糟糕的事情，常见的方法是创建多个文件或者冗余备份。

同样的原则也适用于服务。如果应用有一个核心功能，则确保它同时运行多个备份或者版本可以安全地应对单点故障。

在系统中创建冗余可以消除单点故障，也可以在紧急时刻提供备用功能。例如，如果在一个产品中同时运行服务的两个实例，当其中一个发生故障或者降级时，系统可以转移到好的那个备份上。故障转移可以自动执行或者人工手动干预。

服务冗余的另一个关键部分是创建无共享(shared nothing)架构。采用这种架构，每个接点都可以独立运作，没有中心“大脑”管理状态或者协调活动。这可以大大提高可伸缩性，因为新的接点可以随时加入而不需要特殊的条件或者知识，而且更重要的是，系统没有单点故障，所以可以更好地应对故障。

例如，在 LAS 服务应用中，所有的 LAS 应该都冗余备份在另一个硬件上，而且访问 LAS 的服务包括所有潜在的服务请求，也应该冗余，如图 6-9 所示。

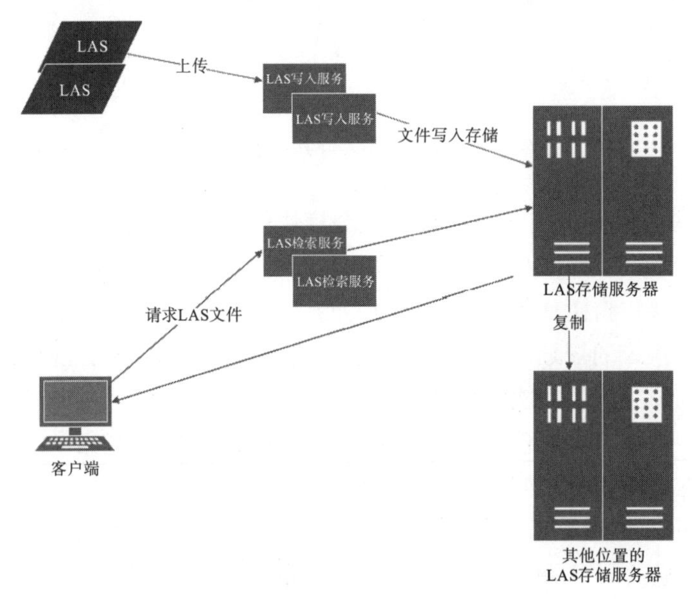

图 6-9 使用冗余的 LAS 存储

6.2.4 数据分区管理

我们可能遇见单一服务器无法存放的庞大数据集，也可能遇到一个需要过多计算资源的操作，导致性能下降，急需增添容量。在这些情况下，一般有两种选择：横向扩展或纵向扩展。

纵向扩展意味着对单一服务器增添更多资源。对于一个非常庞大的数据集，这可能意味着为单一服务器增加更多(或更大)的硬盘以存储整个数据集。而对于计算操作，这可能意味着将操作移到一个拥有更快的 CPU(central processing unit，中央处理器)或更大的内存的服务器中。无论哪种情况，纵向扩展都是为了使单个服务器能够自己处理更多的数据。

另外，对于横向扩展，则是增加更多的节点。例如，对于庞大的数据集，可以用第二个服务器来存储部分数据；而对于计算操作，可以切割计算，或是通过额外的节点加载。想要充分利用横向扩展的优势，则应该以内在的系统构架设计原则来实现，否则，实现的方法将会变成烦琐的修改和切分操作。

对于横向分区，更常见的技术是将服务分区或分片。分区可以通过对每个功能逻辑集的分割分配而实现；可以通过地域划分，也可以通过类似内部使用和外部用户来区分。这种方式的优势是可以通过增添容量来运行服务或实现数据存储。

以 LAS 服务器为例，将曾经存储在单一文件服务器的 LAS 重新存储到多个文件服务器中是可以实现的，每个文件服务器都有自己唯一的 LAS 集。这种构架允许系统将 LAS 存储到某个文件服务器中，在文件服务器都即将存满时，像增加硬盘一样增加额外的文件服务器。这种设计需要一种能够将文件名和存放服务器绑定的命名规则。一个 LAS 的名称可能是映射全部服务器的完整散列方案的形式，每个 LAS 都被分配给一个递增的 ID，当用户请求 LAS 时，LAS 检索服务只需要存储映射到每个服务器的 ID 范围(类似索引)就可以，如图 6-10 所示。

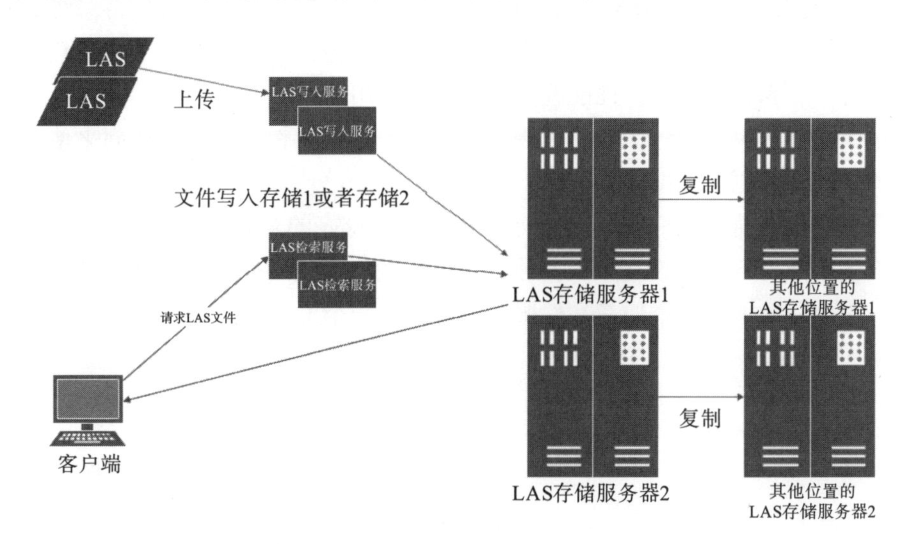

图 6-10 使用冗余和分区实现的 LAS 存储服务

当然，为多个服务器分配数据或功能是充满挑战的。一个关键的问题就是数据局部性；对于分布式系统，计算或操作的数据越相近，系统的性能越优。因此，一个潜在的问题就是数据的存放遍布多个服务器，当需要一个数据时，它们并不在一起，迫使服务器不得不为从网络中获取数据而付出高昂的性能代价。

另一个潜在的问题是不一致性。当多个不同的服务读取和写入同一共享资源时，有可能会遭遇竞争状态——某些数据应当被更新，但读取操作恰好发生在更新之前，这种情形下，数据就是不一致的。例如，LAS 托管方案中可能出现的竞争状态，一个客户端发送请求，将其某标题为“杆塔”的 LAS 改名为“500kV 杆塔”。而同时另一个客户端发送读取此 LAS 的请求。第二个客户端中显示的标题是“杆塔”还是“500kV 杆塔”是不能明确的。

当然，对于分区还存在一些障碍，但分区允许将问题(数据、负载、使用模式等)切割成可以管理的数据块，这将极大地提高分区的可扩展性和可管理性。

6.2.5 数据访问模块

在设计分布式系统时已经考虑到一些核心问题，现在来讨论比较困难的一部分：可伸缩的数据访问。

对于大多数简单的 Web 应用程序，随着它们的发展，主要发生了两方面的变化：应用服务器和数据库的扩展。在一个高度可伸缩的应用程序中，应用服务器通常最小化且一般是 shared nothing 架构(shared nothing 架构是一种分布式计算架构，这种架构中不存在集中存储的状态，整个系统中没有资源竞争，这种架构具有非常强的扩张性，在 Web 应用中得到广泛使用)方式的体现，这使得系统的应用服务器层水平可伸缩。由于这种设计，数据库服务器可以支持更多的负载和服务，在这一层真正的扩展和性能改变开始发挥作用。

下面主要集中于通过一些更常用的策略和方法提供快速的数据访问来使这些类型的服务变得更加迅捷。

大多数系统简化为如图 6-11 所示，这是一个良好的开始。

为了本节内容，假设有很大的数据存储空间[太字节(TB)]，并且让用户随机访问一小部分数据。这类似在文件服务器中定位一个 LAS 文件。

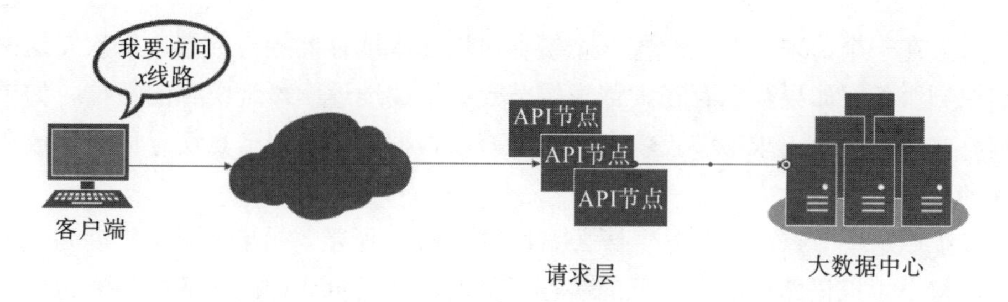

图 6-11 访问具体的数据

这非常具有挑战性，因为它需要把数太字节的数据加载到内存中；并且直接转化为磁盘的 IO。要知道从磁盘读取比从内存读取慢很多倍，这个速度差异在大数据集上会增加更多，在实数顺序读取上内存访问速度至少是磁盘的 6 倍，随机读取速度比磁盘快 100000 倍。另外，即使使用唯一的 ID，解决获取少量数据存放位置的问题也是一个艰巨的任务。有很多方式可以让这样的操作更简单，其中比较重要的 4 个是缓存、代理、索引和负载均衡。接下来将讨论如何使用每一个概念来使数据访问速度加快。

6.2.6 数据缓存设计

缓存利用局部访问原则：最近请求的数据可能会再次被请求。它们几乎被用于计算机的每一层：硬件、操作系统、Web 浏览器、Web 应用程序等。缓存就像短期存储的内存，它有空间的限制，但是通常访问速度比数据源快，并且包含了大多数最近访问的条目。缓存可以存在于架构的各个层级，但是在前端比较常见，在这里通常需要在没有下游层级的负担下快速返回数据。

在本书的 API 例子中如何使用缓存来快速访问数据？在这种情况下，有两个地方可以插入缓存。一个操作是在请求层节点添加一个缓存，如图 6-12 所示。

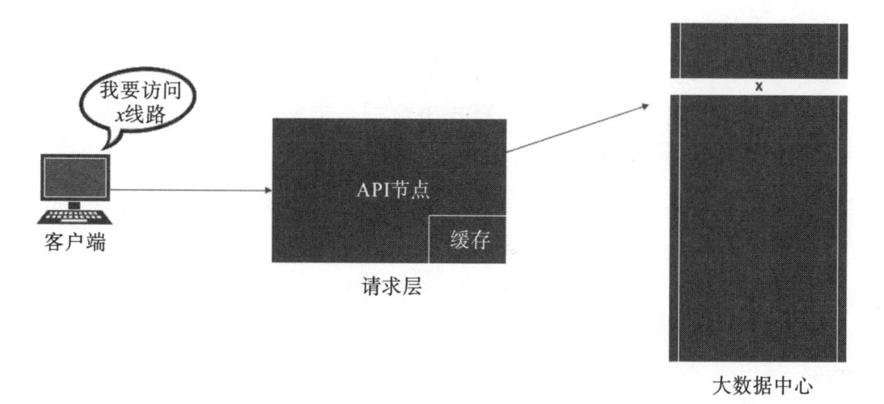

图 6-12 添加了缓存的请求层

直接在一个请求层节点配置一个缓存可以在本地存储相应数据。每次发送一个请求到服务，如果数据存在，请求层节点会快速地返回本地缓存的数据。如果数据不在缓存中，请求层节点将在磁盘中查找数据。请求层节点缓存可以存放在内存和节点本地磁盘中。

在扩展这些节点后，会发生什么呢？如图 6-13 所示，如果请求层扩展为多个节点，每个主机仍然可能有自己的缓存。然而，如果负载均衡器随机分配请求到请求层节点，同样的请求将指向不同的请求层节点，从而增大了缓存的命中缺失率。有两种选择可以解决这个问题：全局缓存和分布式缓存。

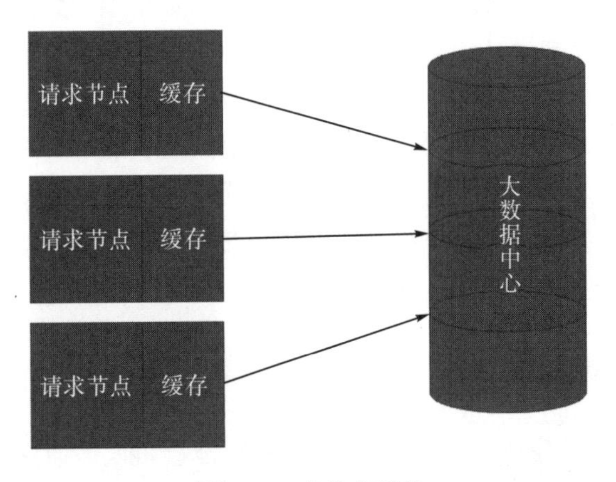

图 6-13　多节点缓存

6.2.7　全局缓存

全局缓存定义：所有的节点使用同一个缓存空间，这涉及添加一个服务器，或者某种文件存储系统，速度比访问源存储和通过所有节点访问要快一些。每个请求节点以同样的方式查询本地的一个缓存，这种缓存方案可能有点复杂，因为在客户端和请求数量增加时它很容易被压倒，但是在有些架构中它还是很有用的。

在描述图中有两种常见形式的缓存。在图 6-14 中，当一个缓存响应没有在缓存中找到时，缓存自身从底层存储中查找出数据。当在缓存中找不到数据时，请求节点会向底层检索数据，如图 6-15 所示。

大多数使用全局缓存的应用程序趋向于第一类，这类缓存可以管理数据的读取，防止客户端大量地请求同样的数据。然而，在一些情况下，第二类实现方式似乎更有意义。例如，如果一个缓存被用于非常大的文件，一个低命中比的缓存将会导致缓冲区来填满未命中的缓存，在这种情况下，将使缓存中有一个大比例的总数据集。

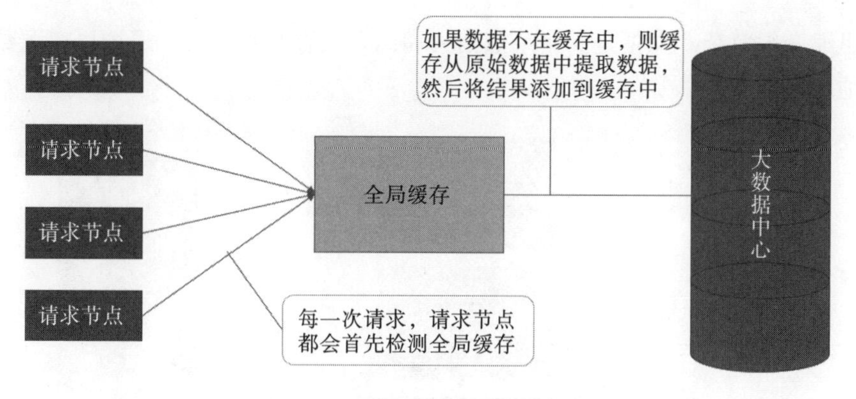

图 6-14　缓存负责检索的全局缓存

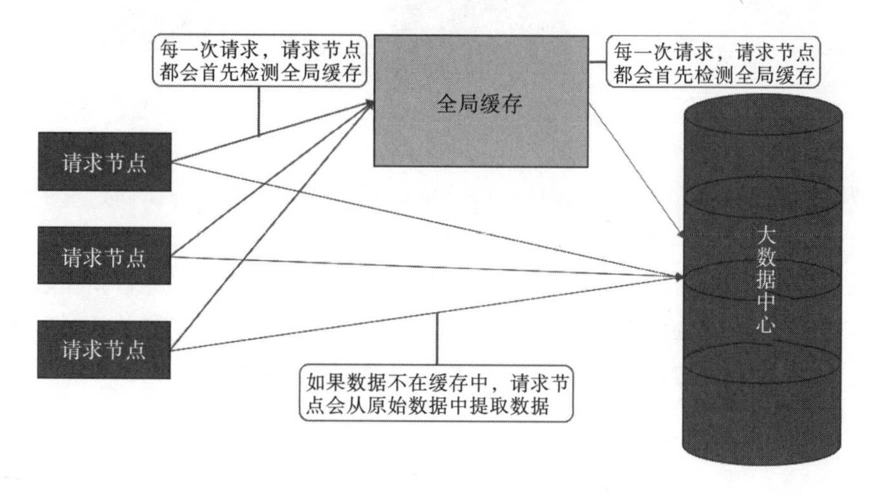

图 6-15　请求节点负责检索的全局缓存

6.2.8　分布式缓存

在分布式缓存中，每个节点都会缓存一部分数据。如果把冰箱看作杂食店的缓存，那么分布式缓存就像是把食物分别放到多个地方——冰箱、橱柜及便当盒，放到这些便于随时取用的地方就无须一趟趟跑去杂食店了。缓存一般使用一个具有一致性的哈希函数进行分割，如此便可在某请求节点寻找数据时，能够迅速知道要到分布式缓存中的哪个地方去找它，以确定该数据是否从缓存中可得。在这种情况下，每个节点都有一个小型缓存，在直接到源数据中找数据之前就可以向别的节点发出寻找数据的请求。由此可得，分布式缓存的一个优势就是，仅通过向请求池中添加新的节点便可以拥有更多的缓存空间，如图 6-16 所示。

分布式缓存的一个缺点是修复缺失的节点。一些分布式缓存系统通过在不同节点进行多个备份绕过了这个问题；然而，在请求层添加或者删除节点时，这个逻辑迅速变得复杂。即便是一个节点消失和部分缓存数据丢失，还可以在源数据存储地址获取。

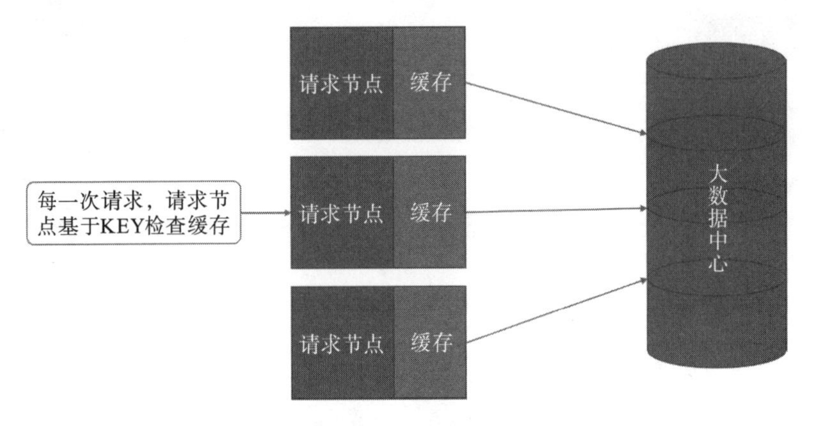

图 6-16　分布式缓存

缓存的优点在于它们可以加快访问速度，然而通过缓存提升访问速度的代价是必须有额外的存储空间，通常放在内存中。

本平台使用 Memcached(一套分布式的高速缓存系统)缓存技术，Memcached 被用作很多大型的 Web 站点，尽管该技术很强大，但只是使用了简单的分布式存储系统查询的存储方式，可以优化任意数据存储和快速检索。

6.2.9　访问代理

简单来说，代理服务器是一种处于客户端和服务器中间的硬件或软件，它从客户端接收请求，并将它们转交给服务器。代理服务器一般用于过滤请求、记录日志或对请求进行转换(增加/删除头部、加密/解密、压缩等)，如图 6-17 所示。

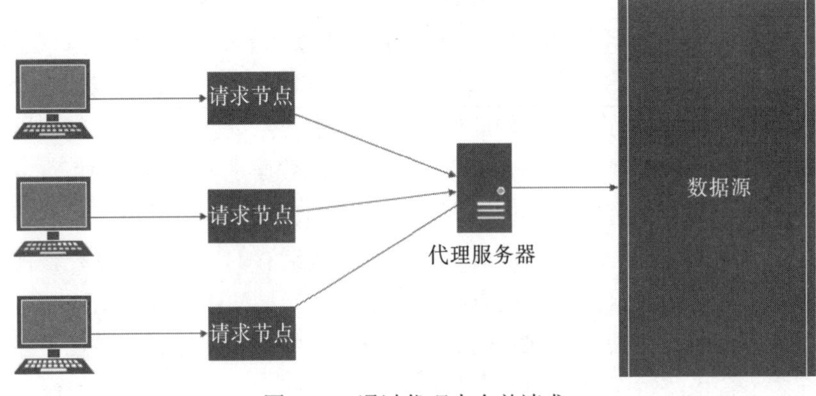

图 6-17　通过代理来合并请求

当需要协调来自多个服务器的请求时，代理服务器也十分有用，它从整个系统的角度出发，对请求流量执行优化。压缩转发是利用代理加快访问的其中一种方法，将多个相同或相似的请求压缩在同一个请求中，然后将单个结果发送给各个客户端。

假设有几个节点都希望请求同一份数据，而且它并不在缓存中。在这些请求经过代理时，代理可以通过压缩转发技术将它们合并成一个请求，这样数据只需要从磁盘上读取一次即可。这种技术也有一些缺点：由于每个请求都会有一些时延，有些请求会由于等待与其他请求合并而有所延迟。不管怎么样，这种技术在高负载环境中是可以帮助提升性能的，特别是在同一份数据被反复访问的情况下。压缩转发类似于缓存技术，只不过它并不对数据进行存储，而是充当客户端的代理人，对它们的请求进行某种程度的优化。

在一个局域网代理服务器中，客户端不需要通过自己的 IP 连接到互联网，而代理会将请求相同内容的请求合并起来。这里比较容易搞混，因为许多代理同时充当缓存(这里也确实是一个很适合放缓存的地方)，但缓存却不一定能充当代理。

另一个使用代理的方式不仅是合并相同数据的请求，同时可以用来合并靠近存储源(一般是磁盘)的数据请求。采用这种策略可以让请求最大化地使用本地数据，这样可以缩短请求的数据延迟。当随机访问上太字节数据时，这个请求时间的差异就非常明显。代理在高负载情况下，或者限制使用缓存时特别有用，因为它基本上可以批量地把多个请求合并为一个。

值得注意的是，代理和缓存可以放到一起使用，但通常是把缓存放到代理的前面，其原因和在参加者众多的马拉松比赛中最好让跑得较快的选手在队首起跑一样。因为缓存从内存中提取数据，速度飞快，它并不介意存在对同一结果的多个请求。但是如果缓存位于代理服务器的后面，那么在每个请求到达存储之前都会增加一段额外的时延，这会影响系统性能。

如果在系统中添加代理，则可以考虑的选项有很多，Squid 和 Varnish 都经过了实践检验，广泛用于很多实际的 Web 站点中。这些代理解决方案给大部分 client-server 通信提供了大量的优化措施。将二者之中的某一个安装为 Web 服务器层的反向代理，可以大大提高 Web 服务器的性能，减少处理来自客户端的请求所需的工作量。

6.3 点云数据存储技术

6.3.1 点云数据存储算法研究

6.3.1.1 八叉树

八叉树(octree)是一种用于描述三维空间的树状数据结构。八叉树的每个节点表示一个正方体的体积元素，每个节点有 8 个子节点，这 8 个子节点所表示的体积元素加在一起就等于父节点的体积，一般中心点作为节点的分叉中心，如图 6-18 所示。

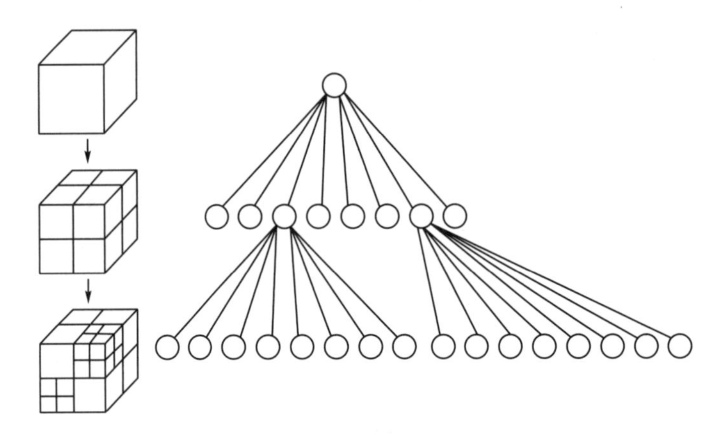

图 6-18 八叉树

八叉树的定义：若不为空树，则树中任意一节点的子节点恰好只会有 8 个或 0 个，也就是子节点不会有 0 与 8 以外的数目。八叉树用在 3D 空间中的场景管理，可以很快地知道物体在 3D 空间场景中的位置，或监测与其他物体是否有碰撞及是否在可视范围内。

1）实现八叉树的原理

(1) 设定最大递归深度。

(2) 找出场景的最大尺寸，并以此最大尺寸建立第一个立方体。

(3) 依序将单位元元素丢入能被包含且没有子节点的立方体。

(4) 若没达到最大递归深度，则进行细分八等份，再将该立方体所装的单位元元素全部分担给 8 个子立方体。

(5) 若发现子立方体所分配到的单位元元素数量不为零且与父立方体是一样的，则该子立方体停止细分，因为根据空间分割理论，细分的空间所得到的分配必定较少，若是一样的数目，则再怎么切割数目还是一样的，会造成无穷切割的情形。

(6) 重复(3)，直到达到最大递归深度。

2）八叉树三维数据结构

用八叉树来表示三维形体，并研究在这种表示下的各种操作及应用是在进入 20 世纪 80 年代后才比较全面地开展起来的。这种方法既可以看成四叉树方法在三维空间的推广，也可以认为是用三维体素阵列表示形体方法的一种改进。

八叉树的逻辑结构如下：

假设要表示的形体 V 可以放在一个充分大的正方体 C 内，C 的边长为 $2n$，形体 V=C，则它的八叉树可以用以下的递归方法来定义。

八叉树的每个节点与 C 的一个子立方体对应，树根与 C 本身相对应，如果 $V=C$，那么 V 的八叉树仅有树根，如果 $V \neq C$，则将 C 等分为 8 个子立方体，每个子立方体与树根的一个子节点相对应。只要某个子立方体不是完全空白或完全为 V 所占据的，就要被八等分，从而对应的节点也就有了 8 个子节点。这样的递归判断、分割一直要进行到节点所对应的立方体或是完全空白的，或是完全为 V 占据的，或是其大小已是预先定义的体素大小，并且对它与 V 之交进行一定的“舍入”，使体素或认为是空白的，或认为是 V 占据的。

如此所生成的八叉树上的节点可分为 3 类：

(1) 灰节点，它对应的立方体部分地为 V 所占据；

(2) 白节点，它所对应的立方体中无 V 的内容；

(3) 黑节点，它所对应的立方体全为 V 所占据。

后两类又称为叶节点。形体 V 关于 C 的八叉树的逻辑结构是这样的：它是一棵树，其上的节点要么是叶节点，要么是有 8 个子节点的灰节点。根节点与 C 相对应，其他节点与 C 的某个子立方体相对应。

因为八叉树的结构与四叉树的结构是如此相似，所以八叉树的存储结构方式可以完全沿用四叉树的有关方法。因而，根据不同的存储方式，八叉树也可以分别称为常规的、线性的、一对八的八叉树等。

另外，由于这种方法充分利用了形体在空上的相关性，所以一般来说，它所占用的存储空间要比三维体素阵列少。但是实际上它还是使用了相当多的存储，这并不是八叉树的主要优点。这一方法的主要优点在于可以非常方便地实现有广泛用途的集合运算(如可以求两个物体的并、交、差等运算)，而这些恰是其他表示方法比较难以处理或者需要耗费许多计算资源的地方。不仅如此，由于这种方法的有序性及分层性，所以其对显示精度和速度的平衡、隐线和隐面的消除等，带来了很大的方便，特别有用。

3) 八叉树的存储结构

八叉树有 3 种不同的存储结构，分别是规则方式、线性方式及一对八方式。相应地八叉树也分别称为规则八叉树、线性八叉树及一对八式八叉树。不同的存储结构的空间利用率及运算操作的方便性是不同的。分析表明，一对八式八叉树优点更多一些。

(1)规则八叉树。规则八叉树的存储结构用一个有9个字段的记录来表示树中的每个节点。其中，一个字段用来描述该节点的特性(在目前假定下，只要描述它是灰、白、黑三类节点中哪一类即可)，其余的8个字段用来作为存放指向其8个子节点的指针。这是最普遍使用的表示树形数据的存储结构方式。

规则八叉树缺陷较多，最大的问题是指针占用了大量的空间。假定每个指针要用两个字节表示，而节点的描述用一个字节，那么存放指针要占总的存储量的94%。因此，这种方法虽然十分自然、容易掌握，但在存储空间的使用率方面很不理想。

(2)线性八叉树。线性八叉树注重考虑如何提高空间利用率。用某一预先确定的次序遍历八叉树(如以深度第一的方式)，将八叉树转换成一个线性表，线性表的每个元素与一个节点相对应。对于节点的描述可以丰富一点，例如，用适当的方式来说明它是否为叶节点，如果不是叶节点，还可用其8个子节点值的平均值作为非叶节点的值等。这样，可以在内存中以紧凑的方式来表示线性表，可以不用指针或者仅用一个指针表示即可。

(3)一对八式八叉树。一个非叶节点有8个子节点，为了确定起见，将它们分别标记为0、1、2、3、4、5、6、7。从上面的介绍可以看到，如果一个记录与一个节点相对应，那么在这个记录中描述的是这个节点的八个子节点的特性值。而指针给出的则是该8个子节点所对应记录的存放处，而且隐含地假定了这些子节点记录存放的次序。也就是说，即使某个记录是不必要的(如该节点已是叶节点)，相应的存储位置也必须空闲在那里，以保证不会错误地存取到其他同辈节点的记录。这样当然会有一定的浪费，除非它是完全的八叉树，即所有的叶节点均在同一层次出现，而在该层次之上的所有层中的节点均为非叶节点。

6.3.1.2 R树

空间索引是对存储在介质上的数据位置信息的描述，用来提高系统对数据获取的效率。空间索引的提出是由两方面决定的。一方面是由于计算机的体系结构将存储器分为内存、外存两种，访问这两种存储器一次所花费的时间一般为30～40ns、8～10ms，可以看出两者相差十万倍以上，尽管现在有“内存数据库”的说法，但绝大多数数据是存储在外存磁盘上的，如果对磁盘上数据的位置不加以记录和组织，每查询一个数据项就要扫描整个数据文件，这种访问磁盘的代价就会严重影响系统的效率，因此系统的设计者必须将数据在磁盘上的位置加以记录和组织，通过在内存中的一些计算来取代对磁盘漫无目的的访问，才能提高系统的效率，GIS涉及的是各种海量的复杂数据，索引对于处理的效率是至关重要的。另一方面是GIS所表现的地理数据多维性使得传统的B树索引并不适用，因为B

树所针对的字符、数字等传统数据类型是在一个良序集之中，即都在一个维度上，集合中任给两个元素，都可以在这个维度上确定其关系，只可能是大于、小于、等于三种，若对多个字段进行索引，则必须指定各个字段的优先级，形成一个组合字段，而地理数据的多维性，在任何方向上并不存在优先级问题，因此 B 树并不能对地理数据进行有效的索引，需要研究特殊的能适应多维特性的空间索引方式。

1984 年，Guttman 发表了《R 树：一种空间查询的动态索引结构》，它是一种高度平衡的树，由中间节点和叶节点组成，实际数据对象的最小外接矩形存储在叶节点中，中间节点通过聚集其低层节点的外接矩形形成，包含所有这些外接矩形。其后，人们在此基础上针对不同空间运算提出了不同改进，才形成了一个繁荣的索引树族，是目前流行的空间索引。

R 树是 B 树向多维空间发展的另一种形式，它将空间对象按范围划分，每个节点都对应一个区域和一个磁盘页，非叶节点的磁盘页中存储其所有子节点的区域范围，非叶节点的所有子节点的区域都落在它的区域范围之内；叶节点的磁盘页中存储其区域范围之内所有空间对象的外接矩形。每个节点所能拥有的子节点数目有上下限，下限保证对磁盘空间的有效利用，上限保证每个节点对应一个磁盘页，当插入新的节点导致某节点要求的空间大于一个磁盘页时，该节点一分为二。R 树是一种动态索引结构，即它的查询可与插入或删除同时进行，而且不需要定期地对树结构进行重新组织。

1) R-Tree 数据结构

R-Tree 是一种空间索引数据结构，下面对其进行简要介绍：

(1) R-Tree 是 n 叉树，n 称为 R-Tree 的扇(fan)。

(2) 每个节点对应一个矩形。

(3) 叶节点上包含了小于等于 n 的对象，其对应的矩形为所有对象的外包矩形。

(4) 非叶节点的矩形为所有子节点矩形的外包矩形。

R-Tree 的定义很宽泛，同一套数据构造 R-Tree，不同方法可以得到差别很大的结构。什么样的结构比较优呢？有以下两个标准：

(1) 位置上相邻的节点尽量在树中聚集为一个父节点。

(2) 同一层中各兄弟节点相交部分比例尽量小。

R 树是一种用于处理多维数据的数据结构，用来访问二维或者更高维区域对象组成的空间数据。R 树是一棵平衡树，树上有两类节点：叶节点和非叶节点。每一个节点由若干索引项构成。对于叶节点，索引项形如(Index，Obj_ID)。其中，Index 表示包围空间数据对象的最小外接矩形 MBR，Obj_ID 标识一个空间数据对象。对于一个非叶节点，它的索引项形如(Index，Child_Pointer)。其中，Child_Pointer指向该节点的子节点，Index 仍指一个矩形区域，该矩形区域包围了子节点上所有索引项 MBR 的最小矩形区域。

2)R-Tree 算法描述

R-Tree 算法描述如下：

对象数为 n，扇区大小定为 fan。

(1)估计叶节点数 $k=n/\text{fan}$。

(2)将所有几何对象按照其矩形外框中心点的 x 值排序。

(3)将排序后的对象分组，每组大小为*fan，最后一组可能不满员。

(4)上述每一分组内按照几何对象矩形外框中心点的 y 值排序。

(5)排序后每一分组内再分组，每组大小为 fan。

(6)每一小组成为叶节点，叶节点数为 n。

(7)$N=n$，返回 1。

3)R-Tree 空间索引算法的研究

(1)R-Tree。多维索引技术的历史可以追溯到 20 世纪 70 年代中期。当时，诸如 Cell 算法、四叉树和 *k-d* 树等各种索引技术纷纷问世，但它们的效果都不尽如人意。在 GIS 和 CAD 系统对空间索引技术的需求推动下，Guttman 于 1984 年提出了 R 树索引结构，发表了《R 树：一种空间查询的动态索引结构》，它是一种高度平衡的树，由中间节点和叶节点组成，实际数据对象的最小外接矩形存储在叶节点中，中间节点通过聚集其低层节点的外接矩形形成，包含所有这些外接矩形。其后，人们在此基础上针对不同空间运算提出了不同改进，才形成了一个繁荣的索引树族，R-Tree 是目前流行的空间索引。

(2)R+树。在 Guttman 的工作的基础上，许多 R 树的变种被开发出来，Sellis 等提出了 R+树，R+树与 R 树类似，主要区别在于 R+树中兄弟节点对应的空间区域无重叠，这样划分空间消除了 R 树因允许节点间重叠而产生的“死区域”(一个节点内不含本节点数据的空白区域)，减少了无效查询数，从而大大提高了空间索引的效率，但对于插入、删除空间对象的操作，由于操作要保证空间区域无重叠而效率降低。同时 R+树对跨区域的空间物体的数据存储是有冗余的，而且随着数据库中数据的增多，冗余信息会不断增长。

(3)R*树。1990 年，Beckman 和 Kriegel 提出了最佳动态 R 树的变种——R*树。R*树和 R 树一样允许矩形的重叠，但在构造算法上 R*树不仅考虑了索引空间的“面积”，而且考虑了索引空间的重叠。该方法对节点的插入、分裂算法进行了改进，并采用“强制重新插入”的方法使树的结构得到优化。但 R*树算法仍然不能有效地降低空间的重叠程度，尤其是在数据量较大、空间维数增加时表现得更为明显。R*树无法处理维数高于 20 的情况。

(4) QR 树。QR 树利用四叉树将空间划分成一些子空间，在各子空间内使用许多 R 树索引，从而改良索引空间的重叠。QR 树结合了四叉树与 R 树的优势，是二者的综合应用。实验证明：与 R 树相比，QR 树以略大(有时甚至略小)的空间开销代价换取了更高的性能，且索引目标数越多，QR 树的整体性能越好。

(5) SS 树。SS 树对 R*树进行了改进，通过以下措施提高了最邻近查询的性能：用最小边界圆代替最小边界矩形表示区域的形状，增强了最邻近查询的性能，减少了将近 50%的存储空间；SS 树改进了 R*树的强制重插机制。当维数增加到 5 时，R 树及其变种中的边界矩形的重叠将达到 90%，因此在高维情况(≥5)下，其性能将变得很差，甚至不如顺序扫描。

(6) X 树。X 树是线性数组和层状的 R 树的杂合体，通过引入超级节点大大地减少了最小边界矩形之间的重叠，提高了查询效率。X 树用边界圆进行索引，边界矩形的直径(对角线)比边界圆大，SS 树将点分到小直径区域。由于区域的直径对最邻近查询性能的影响较大，所以 SS 树的最邻近查询性能优于 R*树；边界矩形的平均容积比边界圆小，R*树将点分到小容积区域，由于大的容积会产生较多的覆盖，所以边界矩形在容积方面要优于边界圆。X 树既采用了最小边界圆(minimum bounding circle，MBS)，也采用了最小边界矩形(minimum bounding rectangle，MBR)，相对于 SS 树，其减小了区域的面积，提高了区域之间的分离性；相对于 R*树，其提高了邻近查询的性能。

4) R-Tree 空间索引算法的研究

信息的膨胀使数据库检索需要面对的问题越来越多。在构建索引方面，主要面临的问题则是如何构造高效的索引算法来支持各种数据库系统(如多媒体数据库、空间数据库等)，特别是如何有效地利用算法来实现加速检索。概括地说，R-Tree 空间索引算法的研究要做到：支持高维数据空间；有效分割数据空间，来适应索引的组织；高效地实现多种查询方式系统中的统一。R-Tree 的索引结构最新研究不能是单纯地为了加速某种查询方式或提高某个方面的性能，忽略其他方面的效果，这样可能造成更多不必要的性能消耗。

XML (extensible markup language，可扩展标记语言)作为可扩展的标示语言，其索引方法就是基于传统的 R-Tree 索引技术的 XR-Tree 索引方法。该方法构造了适合 XML 数据的索引结构。XR-Tree 索引方法是一种动态扩充内存的索引数据结构，针对 XML 索引和存储体系(XML indexing and storage system，XISS)中结构连接的问题，设计了基于 XR-Tree 索引树有效地跳过不参与匹配的元素的连接算法。但这种索引方法在进行路径的连接运算中仍然存储大量的中间匹配结果，为此一种基于整体查询模式的基于索引的路径连接算法被提出，即利用堆栈链表来临时压栈存储产生的部分匹配结果，并且随着匹配动态地进行出栈操作。这样在查询连接处理完成后，直接输出最终结果，既节省了存储空间，又提高了操作效率。

6.3.1.3 集成八叉树和 R 树的三维空间索引模型 3DOR 树

R 树索引能够很好地适应空间数据分布特点，且能提供稳健、高效的空间查询能力。R 树索引生成方法分为动态方法和静态方法，动态方法更符合空间数据管理要求，但是每个点均要经过节点选择和节点分裂等复杂操作才能插入到索引结构中，对于数以亿计的点云数据并不现实，需要寻求一种更高效的索引创建方法，本书采用一种动静结合的方式构建三维 R 树索引结构，兼具静态方法的高效率和动态方法的自适应性。

结合三维 R 树和八叉树的索引创建算法(3DOct-Rtree，简称 3DOR 树)描述，给三维 R 树设定扇出(fan-out)参数，即每个节点允许包含最大元组数目和最小元组数目，采用八叉树剖分三维空间，节点收敛条件是每个叶节点中的点数目小于等于最大元组数目。在八叉树分裂过程中，满足扇出参数条件的子节点将重新计算范围，以叶节点身份插入到三维 R 树中。点数小于扇出参数最小值的子节点中的点输出至数组，按顺序重组为满足扇出参数的叶节点逐一插入到 R 树中，该过程中不对数组中的点重新进行空间排序，原因是这些点相对邻近，重新排序代价高且意义不大。对于无法保证满足扇出参数的情况，添加其中的点到全局点数组中，待八叉树剖分结束后，以单点身份逐一插入 R 树中。

算法描述：点云的空间索引创建算法。

算法输入：点元组集合，R 树扇出参数为［imin，imax］。

算法输出：三维 R 树索引结构。

步骤 1：计算包含所有点集的最小包围盒(min$X$，min$Y$，min$Z$，max$X$，max$Y$，max$Z$)，并以(min$X$，min$Y$，min$Z$)为起算点，计算包含所有点集的最小立方体范围，作为八叉树根节点范围，全部点均是节点 node 中的元组，并创建两个点数组 Array1 和 Array2。

步骤 2：如果元组数目大于 imax，则将空间均匀分为 8 个子节点 Child$i$(i=0,1,…,7)，并将点分配至对应的子节点，进入步骤 3；如果 node 中元组数目小于等于 imax，则停止分裂。

步骤 3：清空 Array1，逐一遍历子节点 Child$i$，如果 Child$i$ 中的点数目小于

imin，将其中的点加入 Array1 中，令 Array1 中的点数目为 iPtNum，进入步骤 4。

步骤 4：如果 iPtNum 小于 imin，将数组中所有点逐一插入 Array2 中；如果 iPtNum 大于等于 imin 且小于等于 imax，则将数组中所有点打包为叶节点插入 R 树中；如果 iPtNum 大于 imax 且小于等于 2imax，将点均分为两个叶节点，插入 R 树中；如果 iPtNum 大于 2imax，k 为 iPtNum/imax 取整，将数组前$(k-1)$imax 个点，均分为$k-1$个叶节点插入 R 树中，剩余点数 iRestNum 为 iPtNum-$(k-1)$imax，如果 iRestNum 等于 imax，则将其作为一个叶节点插入到 R 树中，如果大于 imax（必然小于 2imax），则将其均分为两个叶节点，插入 R 树中。

步骤 5：逐一遍历子节点 Child$i$，如果 Child$i$ 中的点数目大于 imax，则令 node 为 Child$i$，进入步骤 2。

步骤 6：逐一遍历子节点 Child$i$，如果 Child$i$ 中的点数目大于等于 imin 且小于等于 imax，则将节点中的点组成叶节点插入 R 树中。

步骤 7：所有八叉树分支分裂结束后，将 Array2 中的点以元组身份逐一插入 R 树中。

步骤 8：退出。

本方法利用八叉树分配邻近点至相同或相邻节点中，通过以节点为插入单元的策略批量插入点，避免了逐点插入的费时操作，显著地提高了索引生成效率，同时仍然采用动态生成方法构建 R 树，使得树形结构具有很好的空间适应性，保证了平衡树状结构和良好空间利用率。

6.3.2 点云数据管理研究

欧洲空间数据研究组织 EuroSDR 指出三维城市建模能力需要具备高覆盖度、高逼真度和高更新率，意味着对三维城市建模技术提出更好、更快、更廉价和更智能的要求，而这恰恰是传统三维建模手段的弱项。三维激光扫描技术和多角度摄影测量密集匹配技术为三维建模旺盛需求和有限人力物力资源间的冲突提供了解决方案。最新的移动测图系统装备多个激光扫描仪，动态获取厘米级的海量三维激光点云，精度可达 5cm。移动测图系统的原始数据采集率为 360GB/h，假设以 30～40km/h 行驶，每千米道路数据采集量为 10GB，一个小城区的数据采集量可能高达若干太字节，前所未有的数据采集速度和高分辨率要求使得三维激光点云数据高效管理面临更为严峻的挑战。

随着高分辨率车载激光扫描系统的普及应用，大量散乱点云数据的快速处理成为国际研究的焦点。点云数据后处理如简化滤波、语义分割和特征提取等交互操作受限于数据管理和可视化性能，极大地制约了快速获取点云数据的综合应用能力。

在计算机图形学领域，发展了多种专门的数据组织方法加速绘制效率和提高绘制质量，但多关注单个目标的点云数据，难以有效处理复杂场景的地物目标数据。由于点云数据量大且分辨率高，一种有效的处理策略是顾及细节层次的自适应可视化。Surfels 和 Qsplat 是多细节层次点表达模型的两个最具代表性的实现方法，它们的预处理过程均很费时，不平衡的树状结构容易导致树深过高，进而致使查询效率恶化。之后，计算机图形领域的绝大多数方法基本是上述两种方法的改进，如采用并行处理方法和图形处理器提高绘制效率，或者实现外存缓存机制等。

在空间信息科学领域，基于顺序四叉树的数据组织方法管理机载激光点云，采用分段文件映射技术随机抽取不同细节的点云，并关联到相应层的节点中，很好地实现了自适应点云绘制，然而随机抽取方式不能保证对机载激光点云也具有良好的简化结果，过深树高引发频繁迭代计算也是影响管理效率的隐患。它们仍然是一种二维数据管理方法，难以较好地支持视锥体裁剪等可视化算子。采用八叉树和平衡二叉树的嵌套结构管理海量点云数据，顾及了树状结构的平衡性问题，但是采用单一维度作为二叉树剖分依据没有顾及三维空间特性。采用空间数据分布方法将海量点云分配至多个服务器，采用并行访问技术提高数据管理效率，是利用计算机集群管理点云数据的有益尝试。

三维 R 树可以根据目标数据自适应地调整索引结构，目标分布状态对其影响较小，是一种有前途的三维空间索引方法。理论上，三维 R 树的动态更新和自适应调整能力非常适合分布散乱、密度不均的三维点云应用。然而，由于算法复杂、点云数量庞大等诸多原因，单一应用三维 R 树实现三维点云数据的管理存在一定困难。

因此利用八叉树的快速收敛能力，有学者提出一种八叉树和 R 树集成的新三维索引方法——3DOR 树，显著提升大规模点云的 R 树索引创建效率，并采用一种顾及多细节层次的三维 R 树索引扩展结构高效生成多细节层次点云模型，支持大规模车载激光点云的高效管理和自适应可视化。

6.3.2.1 多细节层次的 3DOR 树扩展结构研究

对于机载激光点云测图应用需要高效交互性能，启用多细节层次策略成为合理甚至必需的选择，即根据视距和软硬件性能实时选择合适细节层次表示点云场景。关于 R 树和多细节层次场景结合的已有研究均试图采用 R 树的天然层次结构实现目标查询和细节层次查询的双重功能。然而，应用 R 树节点包围盒作为低细节层次描述，忽略单个目标的多细节层次(level of details, LOD)描述需求，也不能满足可视化精度要求。

传统 R 树索引方法仅在叶节点中管理目标模型，本书扩展结构使得中间节点也能管理目标模型。叶节点层管理全部和最精细的目标，从每个子节点按照某种规则挑选一个最有代表性的目标作为较粗层次目标模型集合存于父节点中，因此上层节点中的目标数目和子节点数目相等。举例说明，从每个子节点中选择一个距离目标集合重心最近的目标作为上层节点的目标。

借助 R 树的层次结构，叶节点代表最高的细节层次，中间节点代表中等的细节层次，根节点代表最低的细节层次。每层被设置一个适用范围，包括最近距离和最远距离，相邻层的适用范围无缝拼接。同层中所有节点的适用范围相同，当视点和节点的距离落于该范围内时，即访问节点中的点模型。在进行全景描绘时，只需访问根节点中的点模型，随着视点接近，视域逐渐减小，关注细节逐渐提高，从根节点访问其子节点，根节点中的点仅是其子节点中的重要目标，因此关注的目标集合有所增加，细节层次增强。图 6-19 是点云的多细节层次描述效果。

(a)高细节层次

(b)中细节层次

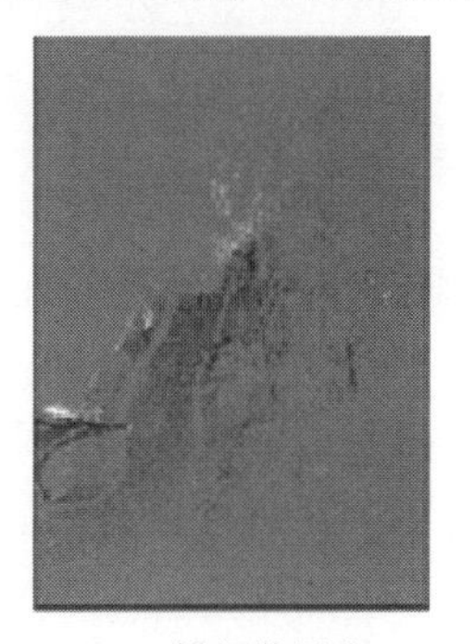

(c)低细节层次

图 6-19 点云的多细节层次描述效果

6.3.2.2 基于 3DOR 树的点云数据高效组织方法

由于文件大小的限制，大规模点云工程采用工程-点云-点层次模式组织点云数据。在车载激光点云采集过程中，每隔几百万个点分段为单个点云，单个点云的原始文本文件数据量为数百兆字节，某个应用中的点云集合为点云工程，一个小型城镇的点云工程可能高达数十吉字节。采用自定义的文件结构组织大规模机载激光点云，目的是提高数据管理效率，其方法也可适用于商业数据库管理系统。

以自定义文件系统方式为例，点云工程是包含众多点云的目录，点云是单个二进制数据文件。每个点云包括头部分和实体部分，头部分包括点云的整体信息，如版本号、文件数据量、扇出参数、总点数、总层数、空间范围、中心点、压缩标志及根节点地址等。点坐标是实际点坐标减去中心点坐标的差值，这样坐标可以采用较少的有效位数表示，有利于采用 4 字节单精度浮点类型表示点坐标，另外，如果空间范围在各坐标轴上的长度小于655.35m且精度要求在厘米级(机载激光扫描数据精度可达到厘米级)，将坐标值乘以100然后用2字节短整数类型表示点坐标，数据量减少75%。点云工程数据组织方法如图6-20所示。

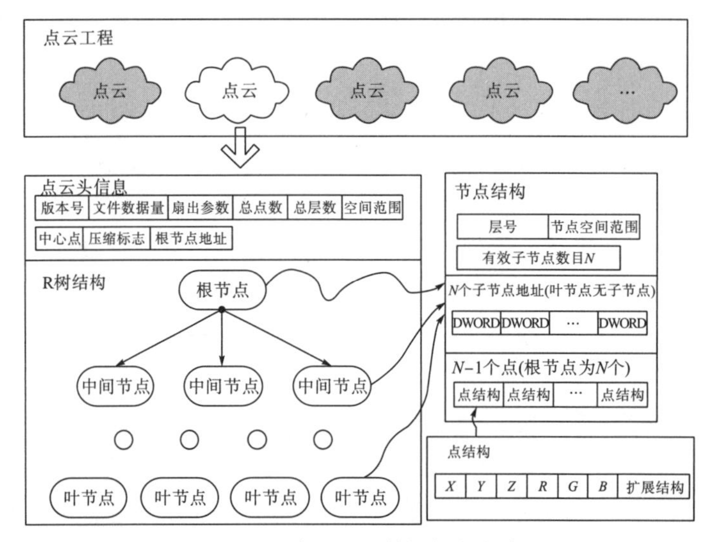

图6-20 点云工程数据组织方法

点云的实体部分采用三维R树索引结构管理点数据，R树索引结构包括根节点、中间节点和叶节点。在本书的多细节层次生成方法中，上层节点从每个子节点中选取一个点作为低细节层次描述，为避免重复存储和处理，选取点将从子节点移出至上层节点，这样中间节点和叶节点中的点数目要减1。为了实现缓存机制，即根据视域条件动态调度数据，父节点记录子节点的首地址，即子节点相对文件起始位置的偏移量。R树存储结构可以分为按广度遍历存储顺序和按深度遍历存储顺序组织。广度遍历存储顺序是指按节点层的次序存储节点数据，从根节点开始，将节点按层顺序依次记录到文件中，负面影响是父节点和子节点无法集中存储；深度遍历存储顺序是指从根节点开始，然后记录其各个子树，负面影响是中间层的兄弟节点无法集中存储。图6-21(a)和图6-21(b)分别是广度遍历存储和深度遍历存储的原理。

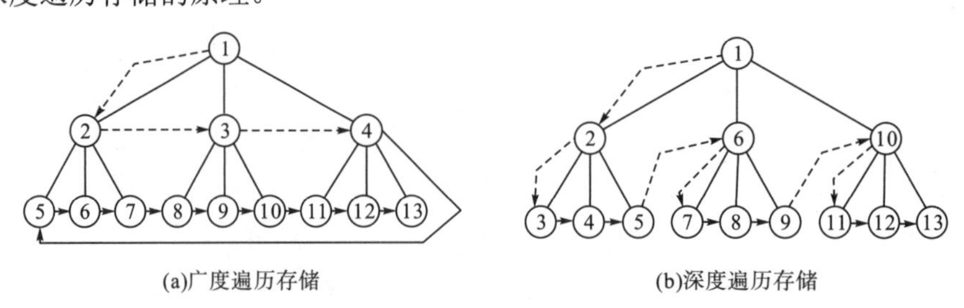

图6-21 广度和深度遍历存储原理

点云工程数据规模通常很大，超出主存容量和图形绘制硬件的处理能力，一般打开工程时仅调度上面数层节点中的点数据以描述全景，当视点逼近局部场景时，将通过父节点依次访问子节点直至叶节点，因此广度优先存储和深度优先存储方式均不能完全满足高效调度的要求。本书采用二者混合方案来最大限度地提升数据调度效率。以叶节点层为第 0 层，例如，当全景显示第 2 层及以上节点中的点数据时，将第 2 层及以上层采用广度优先存储，最下两层按照深度优先存储，至于具体以第几层为分界线，将根据总数据量决定，如果数据量小可以下调，如果数据量大可以上调。图 6-22 是本书方法的原理描述，其中，第 2 层是分界线。本书方法采用文件映射技术访问点云文件，每个父节点记录所有子节点地址，采用类似访问内存方法根据节点地址访问节点外存数据。将极有可能连续访问的节点数据集中存储，有利于提高外存访问效率。

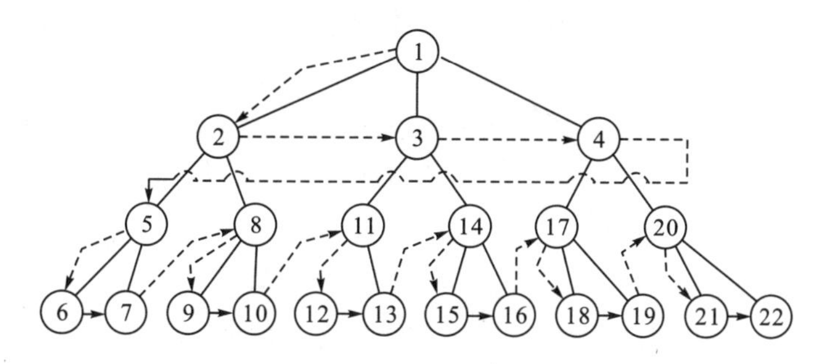

图 6-22　混合存储方式原理描述

单点数据内容包括三维坐标、颜色及强度等信息，可以根据应用需要扩展单点结构。如果采取压缩方式存储，则三维坐标值采用 2 字节短整型表示，相对于双精度浮点型表示，数据量减少 75%，可以显著减少数据调度量，提升外存访问效率。另外，为最大限度地提升三维可视化效率，点数据应当按照图形绘制硬件特点进行组织，例如，当采用 OpenGL 绘制引擎时，可以将节点中的点数据组织成顶点缓冲形式，直接送入绘制管线处理。

6.3.3　点云数据可视化技术研究

在众多的信息显示方法中，使用图形图像显示信息的方法直观、简洁；随着计算机技术的发展，计算机图形图像显示在科学研究及工程技术上有着越来越广泛的应用。OpenGL 由美国高级图形和高性能计算机系统公司 SGI 所开发，在不断的发展中成为计算机硬件显示系统的标准软件接口，其优良的跨平台特性使其在图形图像显示中得到了广泛的应用。在 Windows 平台下使用 OpenGL，应用微软基础类库(microsoft foundation classes，MFC)架构，设计实现了显示大量连续数据的显示系统，系统设计过程中使用面向对象的方法解决了 MFC 框架中使用 OpenGL 的问题；在数据的显示方法上，通过非线性的颜色映射方案使用颜色等深图来表示数据的变化。最后在镜片面型显示系统中应用设计的软件，证明了整个显示系统软件架构层次清晰，条理鲜明，具备优良的显示效果及时间效率，可以方便地应用于数据可视化场合。

6.3.3.1 点云数据展示方法分析

工程应用中常常会获得大规模的某个平面数据，这些数据往往通过二维数组的形式来组织，较为常见的例子如地表的高低、起伏及某一个平面的温度场等，直观地显示这样的数据以使用颜色等深图最为便捷、直观，颜色等深图是将每个输入数据点通过颜色映射转换为一个显示的像素点，这些像素点集合到一起就呈现出整个平面相关物理量的起伏变化，整个显示过程可以用公式描述：

$$\begin{cases} R = f_1(x_{ij}) \\ G = f_2(x_{ij}) \\ B = f_3(x_{ij}) \end{cases} \tag{6-3}$$

式中，i 和 j 是数据点的位置，其对应输入数据的行数和列数；x_{ij} 是平面 (i,j) 点的某物理量的测量值；$f_1()$、$f_2()$ 和 $f_3()$ 是由测量值到颜色的映射函数。人类视觉感受到的颜色变化不是线性变化的，因此符合人类视觉的颜色映射函数的确定是整个显示系统设计的一个关键部分。设计中通过反复仿真实验并结合 RGB 颜色模型的分析，设计了如图 6-23 中曲线所示的颜色映射函数，在使用该颜色映射函数时，首先将输入数据进行归一化处理，然后通过映射函数决定其颜色的 RGB 值。

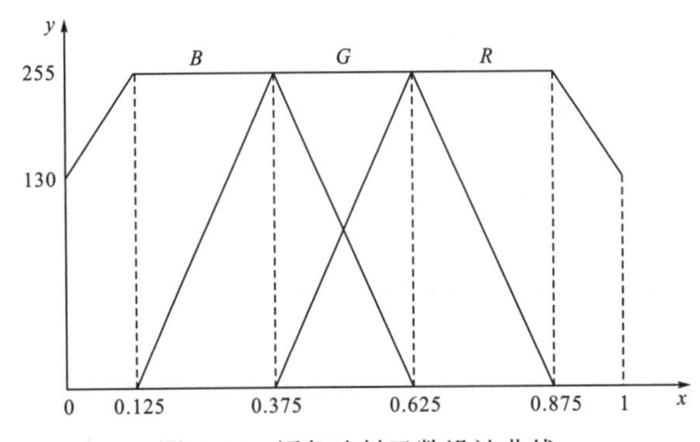

图 6-23 颜色映射函数设计曲线

上述颜色映射方法巧妙而方便地实现了颜色的渐进变化，其映射方法简单、计算量小、编程实现容易且有很好的运行效率。使用上述颜色映射方案，当输入数据在 0～1 连续变化时，可以得到较好的颜色变化效果，其效果图在软件的运行效果图中会有体现。

6.3.3.2 展示框架设计

MFC 框架下使用 OpenGL 进行数据显示首先要解决 MFC 框架下的窗口与 OpenGL 绘图的相互衔接问题；OpenGL 下使用渲染环境完成这一操作，OpenGL 渲染环境接收 OpenGL 相关的绘制操作，并最终将渲染的结果输出到 MFC 框架下的窗口中。整个系统输入的数据是一个二维数组，这些数据不能被 OpenGL 绘图系统直接使用，需要一个转换和提取环节，在转换和提取环节中获得 OpenGL 绘图所需要的全部信息，OpenGL 使用这些信息最终将数据以图形的方式显示在窗口中。

综上所述，本书设计了如图 6-24 所示的显示系统框架，整个系统有 3 个相互独立的过程：首先是数据输入部分，它完成绘图环境相关的操作，这些操作需要在 MFC 的消息响应函数中调用；其次是输入数据整理及变换模块，它提取相关的绘图信息，为 OpenGL 的图形绘制准备了数据；最后是图形绘制部分，它使用相关的 OpenGL 渲染命令将上述 2 个模块中准备的数据在窗口中绘制出来。这样的设计模式充分体现了软件模块化的思想，使得整个显示系统在设计及测试上相互独立，而在功能上又紧密地联系在一起。

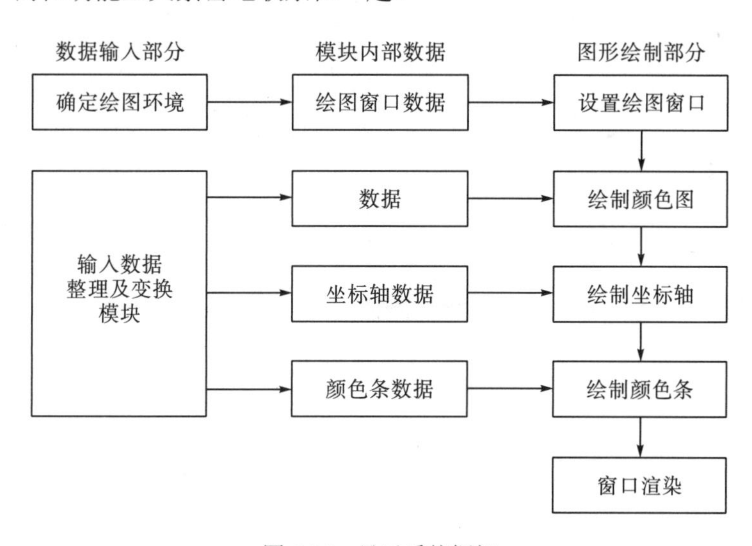

图 6-24 显示系统框架

参 考 文 献

国家能源局，2013. ±800kV 架空输电线路张力架线施工工艺导则：DL/T 5286—2013[S]. 北京：中国电力出版社.

国家能源局，2013. 1000kV 架空输电线路张力架线施工工艺导则：DL/T 5290—2013[S]. 北京：中国电力出版社.

中国南方电网有限责任公司企业标准，2007. 输变电设备缺陷管理标准：Q/CSG 10701—2007[S].

中国南方电网有限责任公司企业标准，2009. 输电线路运行管理标准：Q/CSG 21011—2009[S].

中国南方电网有限责任公司企业标准，2015. 南方电网有限责任公司电力安全工作规程：Q/CSG 510001—2015[S].

中国南方电网有限责任公司企业工作规范，2013.《架空线路树障防控工作导则》(V2. 0).

中华人民共和国国家经济贸易委员会，2001. 带电作业用绝缘绳索类工具：DL/T 779—2001[S]. 北京：中国电力出版社.

中华人民共和国国家质量监督检验检疫局，中国国家标准化管理委员会，2008. 带电作业用绝缘绳索：GB/T 13035—2008[S]. 北京：中国标准出版社.

附　录

附录 2-1　架空输电线路多旋翼无人机巡视作业现场勘查记录

架空输电线路无人机巡视作业现场勘查记录

勘查单位：　　　　编号：

勘查负责人：　　　　勘查人员：

勘查的线路或线段的双重名称及起止杆塔号：

勘查地点或地段：

巡视内容：

作业现场条件：

地形地貌及巡视航线规划要求：

空中管制情况：

特殊区域分布情况：

起降场地：

车辆转场路径图：

巡视航线示意图(可文字描述)：

风险分析：

应采取的控制措施：

记录人：　　　　勘查日期：　　年　月　日　时　分
至　　年　月　日　时　分

附录 2-2　风险及预控措施

风险范畴	风险名称	风险来源	预防控制措施
安全	起降现场	场地不平坦，有杂物，面积过小，周围有遮挡	按要求选取合适的场地
		多旋翼无人机 3～5m 内有影响无人机起降的人员或物品	明确多旋翼无人机起降安全范围，严禁安全范围内存在人或物品
		多旋翼无人机起飞和降落时发生事故	巡视人员严格按照产品使用说明书使用产品；起飞前进行详细检查；多旋翼无人机进行自检
	飞行故障及事故	飞行过程中零部件脱落	起飞前做好详细检查，零部件螺丝应紧固，确保各零部件连接安全、牢固
		巡视范围内存在影响飞行安全的障碍物(交叉跨越线路、通信铁塔等)或禁飞区	巡视前做好巡视计划，充分掌握巡视线路及周边环境情况资料；现场充分观察周边情况；作业时提高警惕，保持安全距离；靠近禁飞区及时返航

续表

风险范畴	风险名称	风险来源	预防控制措施
		微地形、微气象区作业	现场充分了解当前的地形、气象条件，作业时提高警惕
		安全距离不足导致导线对多旋翼无人机放电	满足各电压等级带电作业的安全距离要求
		无人机与线路本体发生碰撞	作业时无人机与线路本体至少保持水平距离5m
		恶劣天气影响	作业前应及时全面掌握飞行区域气象资料，严禁在雷、雨、大风(根据多旋翼抗风性能而定)或者大雾等恶劣天气下进行飞行作业，在遇到天气突变时，应立即返场
		通信中断	预设通信中断自动返航功能
		动力设备突发故障	由自主飞行模式切换回手动控制，驾驶员取得无人机的控制权；迅速减小飞行速度，尽量保持无人机平衡，尽快安全降落
		GPS 故障或信号接收故障，迷航	在测控通信正常情况下，由自主飞行模式切换回手动模式，尽快安全降落或返航
设备	无人机安全	多旋翼无人机遭人为破坏或偷盗	妥善放置保管
人员	人员资质	人员不具备相应机型操作资质	对作业人员进行培训，持证上岗
	人员疲劳作业	人员长时间作业导致疲劳操作	及时更换作业人员
	人员中暑	高温天气下连续作业	准备充足饮用水，装备必要的劳保用品；携带防暑药品
	人员冻伤	在低温天气及寒风下长时间工作	控制作业时间，穿着足够的防寒衣物

附录 2-3　多旋翼无人机分类及参数表(参考)

作业机型	标载起飞重量/kg	电池续航时间(标准载荷)/min	最远观察距离(可见销钉级缺陷)/m	抗风性能/级	配置需求	备注
大型多旋翼无人机	≥25	>20	>70	6	应包含飞行器、云台、高清可见光摄像任务荷载、地面站。任务荷载能进行拆装	6 级及以上大风天气下作业应满足《南方电网有限责任公司电力安全工作规程》(Q/CSG 510001—2015)20.6.2 要求
中型多旋翼无人机	7～25	>20	>50	5	应包含飞行器、云台、高清可见摄像任务荷载、红外测温任务荷载、地面站。单通道或双通道设置，同一机载平台可分别或同时搭设可见光和红外载荷，任务荷载能进行拆装	
小型多旋翼无人机	≤7	>20	>20	4	应包含飞行器、云台、高清可见摄像任务荷载、红外测温任务荷载、地面站，双通道设置，同一机载平台可同时搭设可见光和红外载荷，任务荷载能进行拆装	

附录 2-4　多旋翼无人机巡视作业安全技术交底单

编码：　　　　　　　　　　　　　　　　　　　　　　表单流水号：

<table>
<tr><td>作业班组</td><td></td><td>作业开始时间</td><td></td><td>作业结束时间</td><td></td></tr>
<tr><td>作业任务</td><td colspan="5"></td></tr>
<tr><td>巡视类型</td><td colspan="5">日常巡视（ ）　　　　特殊巡视（ ）</td></tr>
<tr><td>飞行器型号</td><td colspan="3"></td><td>飞行器编号</td><td></td></tr>
<tr><td>飞行器操作员</td><td colspan="2"></td><td>云台操作员（观察员）</td><td colspan="2"></td></tr>
<tr><td colspan="6">作业前准备</td></tr>
</table>

<table>
<tr><td>1. 工器具及资料</td><td colspan="2">个人急救包、望远镜、钢卷尺、安全帽、工作服、工作鞋、防割手套、笔记本、笔、登山杖、无人机、无人机电池、可见光云台、红外测温云台、墨镜、风速计等</td><td>确认（ ）</td></tr>
<tr><td rowspan="17">2. 基准风险</td><td>风险</td><td>控制措施</td><td>确认</td></tr>
<tr><td rowspan="2">交通意外</td><td>行驶过程中关注驾驶员精神状态，及时提醒，工作负责人应督促其遵守交通法规</td><td rowspan="2">确认（ ）</td></tr>
<tr><td>提前了解道路情况，客观评估异常情况，不得冒险进入不熟悉道路</td></tr>
<tr><td rowspan="2">蜂、蚂蟥、虫叮咬；狗、蛇等野生动物袭击</td><td>携带个人急救包</td><td rowspan="2">确认（ ）</td></tr>
<tr><td>避开可能存在危险动物的作业区域</td></tr>
<tr><td>桨叶划伤</td><td>安装、拆卸桨叶时禁止启动无人机。无人机运行时严禁触碰桨叶及电机</td><td>确认（ ）</td></tr>
<tr><td>阳光灼伤</td><td>飞行前判断好起飞位置，避免长时间直视太阳，必要时佩戴墨镜进行作业</td><td>确认（ ）</td></tr>
<tr><td rowspan="7">物体打击</td><td>多旋翼无人机巡视应避免在人员、设备密集地区，机场、部队等禁飞区，国界附近等各类可能造成事故或不良影响的区域作业</td><td rowspan="7">确认（ ）</td></tr>
<tr><td>操控过程应注意飞行器本体与线路周围的障碍物或活动人员等情况，采取有效措施进行避障</td></tr>
<tr><td>当多旋翼无人机悬停巡视时，应顶风悬停</td></tr>
<tr><td>作业时，必须始终能看到作业线路，并清楚线路的走向，若看不清，架空输电线路应立即上升高度退出后重新进入</td></tr>
<tr><td>多旋翼无人机作业时应保持直接目视操作方式，相对高度应低于 120m，不应超视距作业（非 AOPA 认证时）</td></tr>
<tr><td>作业应在良好天气下进行，在作业过程中遇到雷、雨、雪、大雾、大风等恶劣天气应及时终止作业</td></tr>
<tr><td>作业前应落实被巡线路沿线有无影响飞行安全的环境因素，并采取停飞或避让等应对措施</td></tr>
<tr><td>设备停运</td><td>无人机应远离带电线路飞行，严禁在相间钻越</td><td>确认（ ）</td></tr>
<tr><td>尖锐的物体</td><td>施工区域注意避让现场尖锐物体</td><td>确认（ ）</td></tr>
<tr><td>3. 新增风险</td><td>补充风险</td><td>新增控制措施</td><td>确认</td></tr>
</table>

续表

			确认（ ）
			确认（ ）
			确认（ ）
4. 安全交底	进行安全交底		确认（ ）
	工作人员确认清楚工作任务及安全注意事项		
作业过程			
1. 检查类型		检查项目	确认
上电前检查项目	动力系统	螺旋桨是否完好、数量是否齐全	确认（ ）
		螺旋桨安装顺序是否正确	确认（ ）
		螺旋桨安装是否牢固	确认（ ）
		电机安装是否牢固，以手试触是否转动正常	确认（ ）
	飞行器主体	飞行器机体是否完整、牢固	确认（ ）
		飞行器脚架是否完好，功能是否正常	确认（ ）
		(选填)各折叠部件是否释放、组装完毕	确认（ ）
		云台部件是否完整，挂载荷载是否满足任务要求	确认（ ）
	电池	电池(飞行器、遥控器、监视器)外观是否正常，有无鼓包破损	确认（ ）
	控制监视系统	遥控器外观是否完好，各摇杆、按钮是否动作正常	确认（ ）
		监视系统各部件是否完整	确认（ ）
	飞行条件	飞行器起飞环境是否满足要求	确认（ ）
		飞行航线是否满足飞行要求	确认（ ）
	其他		确认（ ）
上电后检查项目	电源接线	电源连接是否牢固	确认（ ）
	指示灯	飞行器指示灯是否正常	确认（ ）
		遥控器指示灯是否正常	确认（ ）
	控制监视系统	遥控器各摇杆、按钮是否处在相应位置	确认（ ）
		监视器图像显示是否正常，有无花屏、干涉波纹	确认（ ）
	电量	电池电压是否满足飞行任务要求	确认（ ）

续表

	云台	云台转动是否正常	确认（ ）
		任务荷载是否工作正常	确认（ ）
	飞行器起飞准备	飞行器主控是否做好飞行前准备	确认（ ）
		飞行器电机是否转动正常	确认（ ）
		起飞前周围无关人员是否满足飞行要求	确认（ ）
	其他		确认（ ）
2. 巡视内容		关键作业标准	确认
杆塔与拉线		(1)杆塔倾斜、横担歪斜及各部件的锈蚀、变形；(2)杆塔各部件异常；(3)拉线及其部件锈蚀、松弛、断股、张力分配、缺件、拉线交叉点相碰等；(4)鸟巢或异物；(5)防洪设施坍塌或损坏	确认（ ）
导地线		(1)导地线泡股、断股、损伤、闪络；(2)导地线悬挂异物；(3)导地线弛度大；(4)压接管和耐张引流板过热，压接管变形和裂纹；(5)导线对地及交叉跨越物距离是否符合规定；(6)跳线有无断股及对地部分距离是否符合规定，导线、地线弛度观测	确认（ ）
绝缘子及金具		(1)绝缘子污秽、硬伤、无锈蚀、变形；(2)绝缘子闪络、局部放电；(3)金具锈蚀、磨损、裂纹、开焊、松动；(4)扎线锈蚀、松动、断裂	确认（ ）
附属设施爬梯、标志牌、在线监测装置等		附属设施是否缺失、损坏，线路杆号相序标志、色标、警示标志等安装标示设施缺失老旧	确认（ ）
光纤及附件		挂附的光纤本体及附件是否损伤	确认（ ）
线路防护区	外力破坏	保护区内是否有大型机械(塔吊、水泥泵车、吊车、桩机等)施工作业，及时发放《安全告知书》并进行《电力安全生产法》宣传	确认（ ）
	鸟害	绝缘子挂点上方是否存在鸟巢，杆塔上是否有鸟粪	确认（ ）
	飘移物	线路保护区是否有胶网、薄膜、大棚、气球、广告标识等易飘物	确认（ ）
	违章建筑	保护区是否有各种材料搭建的房屋、工棚、铁棚、广告牌等建筑物(线路保护区为边导线向外延伸：10kV 5m 所形成的两平行线内区域)	确认（ ）
	高杆植物	保护区是否有速生高杆植物，安全距离是否满足《架空线路树障防控工作导则》的要求	确认（ ）
	交叉跨越	跨越路灯、高速公路、高铁、河道、穿越或跨越电力线路等是否满足规程要求	确认（ ）
	其他	线路保护区是否有易燃易爆危险品、污染源等	确认（ ）

续表

	备注		确认（ ）
3. 巡视记录	缺陷情况简要描述	缺陷描述：（位置、形状、等级评估、处理建议、附照片）	
	隐患跟踪情况描述	隐患描述：（项目名称、负责人联系电话、工期、作业方法、作业进度、工期、警告牌安装情况、隐患等级评估、现场提出的防范措施、拍照留存等）	

作业终结			
1	结论	完成（ ）	未完成（ ）
2	备注		
3	录入人		

附录 2-5 巡视作业参考标准

巡视对象		检查线路本体、附属设施、通道及电力保护区有无以下缺陷、变化或情况	快速巡视	精细巡视
线路本体	地基与基面	回填土下沉或缺土、水淹、冻胀、堆积杂物等		√
	杆塔基础	明显破损、酥松、裂纹、露筋等，基础移位、边坡保护不够等	√	√
	杆塔	杆塔倾斜、塔材严重变形、严重锈蚀，塔材、螺栓、脚钉缺失、土埋塔脚等；混凝土杆未封杆顶、破损、裂纹、爬梯严重变形等	√	√
	接地装置	断裂、严重锈蚀、螺栓松脱、接地体外露、缺失，连接部位有雷电烧痕等		√
	拉线及基础	拉线金具等被拆卸、拉线棒严重锈蚀或蚀损、拉线松弛、断股、严重锈蚀、基础回填土下沉或缺土等		√
	绝缘子	伞裙破损、严重污秽、有放电痕迹、弹簧销缺损、钢帽裂纹、断裂、钢脚严重锈蚀或蚀损、绝缘子串严重倾斜	√	√
	导线、地线、引流线	散股、断股、损伤、断线、放电烧伤、悬挂异物、严重锈蚀、导线缠绕(混线)、覆冰等		√
	线路金具	线夹断裂、裂纹、磨损、销钉脱落或严重锈蚀；均压环、屏蔽环烧伤、螺栓松动；防振锤跑位、脱落、严重锈蚀、阻尼线变形、烧伤；间隔棒松脱、变形或离位、悬挂异物；各种连板、连接环、调整板损伤、裂纹等		√
附属设施	防雷装置	破损、变形、引线松脱、烧伤等		√
	防鸟装置	固定式：破损、变形、螺栓松脱等 活动式：褪色、破损等 电子、光波、声响式：损坏		√
	各种监测装置	缺失、损坏		√
	航空警示器材	高塔警示灯、跨江线彩球等缺失、损坏		√

续表

巡视对象		检查线路本体、附属设施、通道及电力保护区有无以下缺陷、变化或情况	快速巡视	精细巡视
	防舞防冰装置	缺失、损坏等		√
	架空输电线路通信线	损坏、断裂等		√
	杆号、警告、防护、指示、相位等标志	缺失、损坏、字迹或颜色不清、严重锈蚀等	√	√
通道及电力保护区(外部环境)	建(构)筑物	有违章建筑等		√
	树木(竹林)	有近距离栽树等		√
	施工作业	线路下方或附近有危及线路安全的施工作业等		√
	火灾	线路附近有烟火现象，有易燃易爆物堆积等		√
	防洪、排水、基础保护设施	大面积坍塌、淤堵、破损等		√
	自然灾害	地震、山洪、泥石流、山体滑坡等引起通道环境变化		√
	道路、桥梁	巡线道、桥梁损坏等		√
	采动影响区	采动区出现裂缝、塌陷对线路影响等		√
	其他	有危及线路安全的悬挂物、藤蔓类植物攀附杆塔等		√

附录 2-6 多旋翼无人机现场作业记录表

日期:		巡视类型	
线路名称		杆塔运行编号	
无人机编号		任务载荷类型	
天气		温度	
风力		湿度	
巡视人		记录人	
巡视状况详情			
备注			

附录 2-7　固定翼无人机巡视作业任务单

单位____编号

1. 工作负责人____________________________工作许可人

2. 工作班

工作班成员(不包括工作负责人)：

3. 作业性质：固定翼无人机巡视作业(　)　　　　应急巡视作业(　)

4. 固定翼无人机巡视系统型号及组成

5. 使用空域范围

6. 工作任务

7. 安全措施(必要时可附页绘图说明)

7.1 飞行巡视安全措施

7.2 安全策略

7.3 其他安全措施和注意事项

8. 上述 1～7 项由工作负责人________根据工作任务布置人______的布置填写

9. 许可方式及时间

许可方式：

许可时间：_____年___月____日____时____分至____年___月____日____时____分。

10. 作业情况

作业自_____年___月____日___时___分开始，至____年___月____日___时___分，固定翼无人机巡视系统撤收完毕，现场清理完毕，作业结束。

工作负责人于____年___月____日___时___分向工作许可人______用 ____方式汇报。

固定翼无人机巡视系统状况：

工作负责人(签名)____________　　　　　工作许可人________________

填写时间____年___月___日____时____分

附录 2-8 电动固定翼无人机巡视作业卡

<table>
<tr><td>线路名称</td><td></td><td>风险等级</td><td></td><td>编号</td><td></td></tr>
<tr><td>工作任务</td><td colspan="3"></td><td>执行时间</td><td></td></tr>
<tr><td>工作班组</td><td></td><td>工作负责人</td><td></td><td>杆塔号</td><td></td></tr>
<tr><td>天气</td><td></td><td>风向</td><td></td><td>风速</td><td></td></tr>
<tr><td colspan="6">执行步骤</td></tr>
</table>

<table>
<tr><td>流程</td><td>序号</td><td>工作项目</td><td>主要控制内容</td><td>控制情况（√）</td></tr>
<tr><td rowspan="16">起飞准备</td><td>1</td><td>作业清场</td><td>使用围栏或其他保护措施，起飞区域内禁止行人和其他无关人员逗留</td><td></td></tr>
<tr><td rowspan="6">2</td><td rowspan="6">设备开启</td><td>无人机组装</td><td></td></tr>
<tr><td>打开 GPS 追踪仪，放入无人机</td><td></td></tr>
<tr><td>打开相机上电开关，检校相机时间，清空相机数据，检查相机电压、参数，相机试拍正常、图像正常，放入无人机</td><td></td></tr>
<tr><td>完成对地面站系统的架设，安装数传、图传天线并放置正确位置</td><td></td></tr>
<tr><td>打开对讲机，飞控程控保持联络</td><td></td></tr>
<tr><td>打开地面站软件</td><td></td></tr>
<tr><td rowspan="9">3</td><td rowspan="9">起飞检查</td><td>检查机身结构是否完好、伞绳是否遮挡相机、电机座是否紧固、舵面和舵机手感是否正常、桨片是否完好</td><td></td></tr>
<tr><td>查看通信配置，无人机上电是否可以建立连接</td><td></td></tr>
<tr><td>检查飞控电压是否符合起飞要求</td><td>飞控电压 V</td></tr>
<tr><td>无人机居中，连接上网卡下载地图，设置地面站位置并捕获无人机位置</td><td></td></tr>
<tr><td>查看当地海拔，设置应急高度</td><td></td></tr>
<tr><td>无人机水平放置，检查传感器数据和姿态，水平放置俯仰，横滚不超过 3°，校准磁传感器，检查舵面、自驾状态和降落伞情况正常</td><td></td></tr>
<tr><td>航线设置</td><td></td></tr>
<tr><td>发送航线并再次请求航线</td><td></td></tr>
<tr><td>进行相机试拍、空速置零</td><td>电压 V</td></tr>
<tr><td rowspan="3">巡视作业</td><td rowspan="3">4</td><td rowspan="3">起飞</td><td>放飞无人机</td><td></td></tr>
<tr><td>记录起飞时间</td><td>时间</td></tr>
<tr><td>检查数据链情况正常
检查无人机姿态、飞行空速、地速的数据正常
检查 GPS 追踪仪监控正常</td><td></td></tr>
</table>

续表

	5	设备巡视	按规划航线自主飞行巡视	
	6	降落	在预设区域内降落	
			无人机降落并关闭自驾仪	
飞后检查和收纳	7	飞后检查和收纳	记录降落时间	时间
			记录飞控电压	电压V
			下载并保持终端设备数据	
			断开电池连接	
			复制SD卡内巡视照片，并检查照片总数是否与终端设备数据总数对应	
			整理无人机及其附属设备	
记录归档	8	填报	填报巡视记录和巡视报告，汇报巡视结果	
工作人员签名	操控人		程控手		工作负责人	

附录2-9 油动固定翼无人机巡视作业卡

线路名称		风险等级		编号	
工作任务				执行时间	
工作班组		工作负责人		杆塔号	
天气		风向		风速/(m/s)	

执 行 步 骤

流程	序号	工作项目	主要控制内容	控制情况(√)
起飞准备	1	作业清场	使用围栏或其他保护措施，起飞区域内禁止行人和其他无关人员逗留	
	2	设备开启	无人机组装	
			打开GPS追踪仪，放入无人机	
			打开相机上电开关，检校相机时间，清空相机数据，检查相机电压、参数，相机试拍正常、图像正常，放入无人机	
			完成对地面站系统的架设，安装数传、图传天线并放置正确位置	
			打开对讲机，飞控程控保持联络	
			打开地面站软件	
	3	起飞检查	检查机身结构，伞绳是否遮挡相机，电机座是否紧固，舵面、舵机手感是否正常，桨片是否完好	
			查看通信配置，无人机上电是否可以建立连接	

续表

<table>
<tr><td rowspan="8">起飞准备</td><td rowspan="8"></td><td rowspan="8"></td><td colspan="5">检查飞控电压是否符合起飞要求</td><td>飞控电压 V</td></tr>
<tr><td colspan="5">无人机居中，连接上网卡下载地图，设置地面站位置并捕获无人机位置</td><td></td></tr>
<tr><td colspan="5">查看当地海拔，设置应急高度</td><td></td></tr>
<tr><td colspan="5">无人机水平放置，检查传感器数据和姿态，水平放置俯仰，横滚不超过 3°，校准磁传感器，检查舵面、自驾状态和降落伞情况正常</td><td></td></tr>
<tr><td colspan="5">航线设置</td><td></td></tr>
<tr><td colspan="5">发送航线并再次请求航线</td><td></td></tr>
<tr><td colspan="5">进行相机试拍、空速置零</td><td>电压 V</td></tr>
<tr><td colspan="5"></td><td></td></tr>
<tr><td rowspan="6">巡视作业</td><td rowspan="3">4</td><td rowspan="3">起飞</td><td colspan="5">启动油机，进行加油、减油振动试验</td><td></td></tr>
<tr><td colspan="5">放飞无人机并记录起飞时间</td><td>时间</td></tr>
<tr><td colspan="5">检查数据链情况正常
检查无人机姿态、飞行空速、地速的数据正常
检查 GPS 追踪仪监控正常</td><td></td></tr>
<tr><td>5</td><td>设备巡视</td><td colspan="5">按规划航线自主飞行巡视</td><td></td></tr>
<tr><td rowspan="2">6</td><td rowspan="2">降落</td><td colspan="5">在预设区域内降落</td><td></td></tr>
<tr><td colspan="5">无人机降落并关闭自驾仪</td><td></td></tr>
<tr><td rowspan="6">飞后检查和收纳</td><td rowspan="6">7</td><td rowspan="6">飞后检查和收纳</td><td colspan="5">记录降落时间</td><td>时间</td></tr>
<tr><td colspan="5">记录飞控电压</td><td>电压 V</td></tr>
<tr><td colspan="5">下载并保持终端设备数据</td><td></td></tr>
<tr><td colspan="5">断开电池连接</td><td></td></tr>
<tr><td colspan="5">复制 SD 卡内巡视照片，并检查照片总数是否与终端设备数据总数对应</td><td></td></tr>
<tr><td colspan="5">整理无人机及其附属设备</td><td></td></tr>
<tr><td>记录归档</td><td>8</td><td>填报</td><td colspan="5">填报巡视记录和巡视报告，汇报巡视结果</td><td></td></tr>
<tr><td>工作人员签名</td><td>操控人</td><td></td><td>程控手</td><td></td><td>机务</td><td></td><td>工作负责人</td><td></td></tr>
</table>

附录 2-10　固定翼无人机巡视系统使用记录单

编号：　　　　　　　　　　　　　　　巡视时间：　　年　月　日

巡视线路							
使用机型		天气		风速/(m/s)		气温	
工作负责人				工作许可人			
操控手				程控手			
架次				飞行时长/s			
系统状态							
航线信息							
其他							

记录人(签名)：　　　　　　　　　　　　　工作负责人(签名)：

附录 2-11　固定翼无人机巡视结果缺陷记录单

线路名称				
巡视日期			机型	
单位名称			部门名称	
班组			工作负责人	
缺陷内容	序号	杆塔号	缺陷描述	缺陷图像文件名
需要说明的事项				

缺陷图像文件命名规则：单位名_线路名称_杆塔信息_缺陷简述_编号_年月日.后缀，例如，杭州_110kV 潮滨1210_1#杆塔_导线断股_02_20140925.jpg。

附录 2-12　固定翼无人机巡视作业报告

一、作业环境情况

1. 巡视日期：__年__月__日。

2. 巡视线路：__千伏__线。

3. 巡视气象条件：____。

4. 航程与航时：总计巡视杆塔___基，总航时为___分钟。

5. 拍摄模式：______________________________。

二、巡视作业情况

1. 巡视作业任务情况(开展本次巡视作业背景、目的和内容等)。

2. 巡视作业设备情况(本次巡视作业采用的固定翼无人机情况)。

3. 巡视结果发现缺陷或隐患情况(例如：发现缺陷___项。缺陷情况如下)。

三、作业小结

(分析本次巡视作业效果，取得的成果等)。

四、其他

作业班组：

报告日期：

附录 4-1　直升机作业安全检查表

序号	检查项目	检查内容	检查结果
1	机载设备	机载巡视设备安装、接线和调试良好，吊舱镜头玻璃清洁	确认(　)
2	相机	相机电量充裕，内存卡容量充裕，镜头聚焦、变焦功能正常	确认(　)
3	录音笔	录音笔功能正常，内存、电量充裕	确认(　)
4	稳像仪	稳像仪功能正常，电量充裕	确认(　)
5	移动硬盘	存储移动硬盘可正常存储，容量足够	确认(　)
6	药箱	机舱内部医用药箱药品种类及数量足够，在保质期内	确认(　)
7	安全带	上机作业人员系好安全带，安全带质量可靠	确认(　)
8	劳保装备	劳保装备穿戴齐全，质量合格	确认(　)
9	安全技术措施	完成安全及技术措施交底	确认(　)
时间：　　年　月　日		检查人：	

附录 4-2 直升机现场作业记录表

作业名称			日期		天气	
作业/记录人员			设备开机时间		设备关机时间	
直升机飞行	架次	任务	飞行时间	飞行情况		
激光扫描	架次	线路	巡视区段	长度/km		
起降点						

附录 4-3 直升机三维激光扫描资料移交清单

编号	项目	存储方式	备注
1	原始数据	电子版	
2	分类激光点云数据	电子版	
3	数字高程模型	电子版	
4	数字正射影像	电子版	
5	输电线路三维模型	电子版	
6	危险点分析报表	纸质	
7	技术报告	纸质	

附录 4-4 直升机三维激光扫描工作联系单

编号：

联系事由			
联系单位			
发出单位		日期	
抄送			
备注	收文方在收到本文后三日内未提出书面反馈意见，则表示认同本文内容		

附录 4-5　数据质量检查表

<table>
<tr><td>作业名称</td><td colspan="2"></td></tr>
<tr><td>扫描区情况介绍</td><td colspan="2"></td></tr>
<tr><td rowspan="4">原始影像质量</td><td>航向重叠</td><td></td></tr>
<tr><td>旁向重叠</td><td></td></tr>
<tr><td>航偏角</td><td></td></tr>
<tr><td>检查意见</td><td></td></tr>
<tr><td>激光数据</td><td colspan="2"></td></tr>
<tr><td>影像数据</td><td colspan="2"></td></tr>
<tr><td>激光需补飞的部分</td><td colspan="2"></td></tr>
<tr><td>影像需补飞的部分</td><td colspan="2"></td></tr>
<tr><td>备注</td><td colspan="2"></td></tr>
</table>

检查人：　　　　　日期：